U0175362

WISDOM OF PLANTS

NATURAL NOTES OF ETHNOBOTANY

花木间的智慧

民族植物学自然笔记

龙春林　刘思朝　著

山东画报出版社
济南

图书在版编目（CIP）数据

花木间的智慧: 民族植物学自然笔记 / 龙春林, 刘思朝著 .— 济南: 山东画报出版社, 2023.3

ISBN 978-7-5474-4482-5

Ⅰ.①花… Ⅱ.①龙… ②刘… Ⅲ.①植物资源－中国 Ⅳ.①Q948.52

中国国家版本馆CIP数据核字(2023)第045702号

HUAMUJIAN DE ZHIHUI: MINZUZHIWUXUE ZIRAN BIJI

花木间的智慧：民族植物学自然笔记

龙春林　刘思朝　著

责任编辑	梁培培
封面设计	许东平

主管单位	山东出版传媒股份有限公司
出版发行	山东画报出版社

社　　址　济南市市中区舜耕路517号　邮编 250003

电　　话　总编室（0531）82098472

　　　　　市场部（0531）82098479

网　　址　http://www.hbcbs.com.cn

电子信箱　hbcb@sdpress.com.cn

印　　刷	山东临沂新华印刷物流集团有限责任公司
规　　格	170毫米×230毫米　16开
	15印张　160千字
版　　次	2023年3月第1版
印　　次	2023年3月第1次印刷
书　　号	ISBN 978-7-5474-4482-5
定　　价	118.00元

如有印装质量问题，请与出版社总编室联系更换。

序　言

我相信，科学普及很有威力，它能改变一个民族、一个国家的文化和精神面貌；它也是促进科学发展和创新的推动力，影响一个国家的兴衰和国运。以我之见，我国必须更加重视科学普及工作，吸收更多科学家参与科学普及，壮大科学普及队伍，产出更多高质量的科普作品。所以，看到龙春林教授的这部民族植物学科普著作，我是非常激动的，也很高兴能为这样一部优秀的科普书籍作序。

目前，科普的输出大概能分为两种类型，一种是"知识的科普"，更多地着眼于知识的传播与普及，尤其是在发生一些突发或重大事件后，马上就会出现大量有效可靠的科学知识，在最短时间内发挥最大效果，满足公众对认识本质，解决问题的迫切需求。另外一种则是"价值的科普"，即从"知识补课"转向"价值引领"。这种方式虽然不像"蹭热点"式的科普能够博得大多数人的眼球，但它是更进一步、更深层次的普及，包含科学精神的弘扬，科学思想的传播，科学态度的培育，其作用是长期且影响深远的。

诚然，传统的说教式科普已经过时，运用公众易于理解、接受和有趣的方式进行科普，是当前科普工作的主流。然而成功的科普作品并非简单地告诉人们科学是什么，还要解释科学为什么。通俗来说就是：与其送鱼给别人，不如教会他怎样捕鱼。

在读完《花木间的智慧：民族植物学自然笔记》之后，我就觉得这是一本值得向公众推荐的读物。相较于容易书写、讲述的科学知识来说，本书的每一篇短文都在尝试着揭示科学知识背后的东西，有令人钦佩的科学精神，有在人文与自然科学方法巧妙碰撞下的学术火花，还有贯穿于全书"天人合一、人与自然和谐共生"的科学理念。我认为这样的作品为科普创作和科普宣传提供了有益的探索和路径。

该书最大的亮点在于龙春林教授选择西南地区 10 个少数民族在长期生产和生活实践中所依赖的植物资源为切入点，讲述各族同胞在独特自然环境中形成的淳朴的生态观和充满民族特色的传统文化。这些故事和内容全部是基于龙春林教授及其团队在多年实地调查和研究基础上创作出来的。他们通过朴实无华的文笔和生动的田野写实让蕴藏在亿万父老乡亲中的聪明智慧得以充分释放、让创新力量实现涌流。就像在纳西族篇章中的"鸡豆凉粉"，去过丽江旅游的朋友应当都品尝过这种颇具特色的地方小吃，当你不知道食物的原料和它的产地的时候，大家品尝的只是旅游的热闹。但当你从书中看到，在多为沙质土壤、土地贫瘠、保水能力差的白沙乡，只有鸡豆能在这里闯出一片天地的时候，美食便成了"万物各得其和以生，各得其养以成"的情怀。

"原来，植物学也如此有趣！"我相信读者们看过本书后会发出如此感慨。其中的奥秘，就是把植物学知识和民族文化有机联系起来，挖掘出植物背后的文化故事，并且用公众易于接受的生动而有趣的方式进行科学普及。

2013 年，我以中国植物学会理事长的身份接受《人民日报》记者的采访时曾说："我国在认识和使用植物方面有着漫长的历史，以植物为载体的文化元素和文化事件浩如烟海，不可胜计，挖掘植物背后的文化故事，也是未来植物科学研究的重点内容之一。"2017年在深圳召开的第十九届国际植物学大会，发布了指导植物科学发展的纲领性文件《植物科学深圳宣言》，在该宣言提出的7个优先领域中，其中第6个领域是"对于与植物和自然相关的乡土风情和历史传统，我们要加以评估、记载和保护"，第7个领域为"让公众和植物科学形成合力，鼓励更广泛的公众参与、创新性教育和科学普及"，这本读物在这些方面做出了有益的尝试，相信能影响更多的读者。

探索未知世界的科学研究令人神往，弘扬科学精神的科普宣传值得大力支持。在实施生物多样性保护重大工程、大力推进生态文明建设、践行人与自然和谐共生发展理念、共建地球生命共同体的伟大征程中，我们更加需要关注自然、保护植物、挖掘植物背后的文化，让广大公众了解我们日常生活中蕴含的植物知识、各民族同胞讲述的植物故事，这就是我强烈推荐本书的理由。

中国科学院院士

目　录

上篇
民族植物学自然笔记

第一章
雄鹰背上"烤太阳",我是彝族人

彝族是我国人口较多的少数民族,大多居住于西南地区川、滇、黔三省的高山平原。历史上的古蜀国、古滇国、夜郎国、南诏国、大理国均与彝族有关,彝族是中华民族重要的组成部分。他们热爱自然、敬畏自然、崇尚自然,坚持虔诚祭祀自然神灵和祖先,祈求山神保佑吉祥无灾、粮食丰收、禽畜兴旺,渗透着万物有灵、同源共生、共同繁衍的生态智慧。

中华人民共和国成立初期,毛主席接见彝族进京代表时,认为"夷族"之称带有贬义,提议将"夷"改为"彝"。"彝",意为在房屋大顶之下,有米有丝,住的是吊脚楼,象征吃穿不愁,兴旺发达,自此世人将他们称为"彝族"。

彝族阿婆

马缨花开迎客来

农历二月初八，是彝族一年一度的马缨花节。这是一个特别的节日，彝族同胞以花的名义过节，高原人民因花儿相聚。

冠以植物或鲜花的节日有很多，诸如北京的樱花节、上海的桂花节、江西的梅花节、洛阳的牡丹花节、开封的菊花节、白洋淀的荷花节，还有苹果花节、海棠花节，以及杜鹃花节、石榴花节、稻花节、菜花节等，不胜枚举。网络上曾经评选过"中国十大花节"：河南洛阳国际牡丹文化节、湖南湘潭国际杜鹃文化旅游节、湖北武汉大学樱花节、北京平谷桃花节、江苏南京梅花节、浙江杭州西湖桂花节、河南开封菊花节、山东济宁微山湖荷花节、云南昆明茶花节、陕西汉中油菜花节。评选活动引发了广大网友的热议，对此，人们莫衷一是。

国家植物园花卉节

人们走进自然，
感受自然

在我看来，这些节日大多过于时髦，深深烙上了现代、商业、品牌的印记，对比之下，马缨花节显得低调沉稳。彝族的马缨花节，有底蕴、有历史、有渊源，是中华民族传统植物文化的典型代表。

二月的高原还有些寒意，但已经是百花盛开了。在万花丛中，马缨花最显眼、最鲜艳、最迷人。它伟岸的身躯如鹤立鸡群，是杜鹃花中的巨人；它历经沧桑，布满裂缝的树干，苍劲有力；它顶风傲雪，在倒春寒袭来时也勇敢绽放，无怨无悔；它娇艳似火，一簇簇鲜红的花朵映衬着高原的蓝天。

马缨花（*Rhododendron delavayi*）也称为马缨杜鹃、红山茶、密筒花、麻力光、映山红、苍山杜鹃、咪依鲁、索玛花，是一种四季常绿的小乔木。我见过的最高大的马缨花，胸径达到50厘米，高度接近20米！马缨杜鹃、迷人杜鹃、露珠杜鹃、大白花杜鹃像亲姐妹一般，常常相伴相依，在春季里竞相开放，把祖国西南的崇山峻岭装扮得分外妖娆。在四姐妹中，马缨杜鹃是沉稳的大姐，最早开花，虽历经风雨却始终洋溢着笑脸；露珠杜鹃（*Rhododendron irroratum*）

— 5 —

是二妹，最爱打扮，经常变换不同的色彩装扮自己的花容，淡黄色、黄绿色、白色、粉红色、淡紫红色；迷人杜鹃（*Rhododendron agastum*）是三妹，身材娇小，开出的花朵粉嫩粉嫩的；大白花杜鹃（*Rhododendron decorum*）是幺妹，也有人叫她大白花、羊角菜、白花菜、白豆花，不爱彩妆，偏喜素颜，娇嫩无比。

马缨花

我们研究过这几种杜鹃花：马缨花的化学成分主要是三萜、黄酮、降倍半萜、酚苷和环烯醚萜，云南民间用花治痈肿、骨髓炎、吐血、衄血、咯血、崩漏下血、月经不调，其花冠中富含的红色素，是一种值得研究和开发的天然色素资源，具有广阔的市场发展潜力。大白花杜鹃是云南人民特别是白族群众喜爱的美食，用其花朵制作的各色食品，不仅丰富了云南的餐桌，也大受游客的青睐。

我们在云南、四川、贵州的考察之路上，都能听到马缨花和马缨花节的故事，最有代表性的是云南大姚县华山彝族地区的传说。在很久以前，华山有一位勤劳勇敢、美丽善良的彝族姑娘，叫咪依鲁，她在山上放羊的时候，遇到了饥饿的狼群，情况危急。恰逢青年猎手查列若打猎路过，他赶走了狼群，救了咪依鲁和羊群。咪依鲁摘下一朵白色的马缨花送给查列若，从此两人相爱，定下终身。那时，华山有个凶残狡猾的土司，欺压百姓、霸占民女。他在高山顶上盖了座天仙园，命令每寨都要将最漂亮的姑娘送去那里。查列若外出打猎的时候，咪依鲁被土司派来的人选中，她必须在三天内被送去，否则全家甚至全村都有难。咪依鲁的阿妈听到后哭得死去活来，要跳崖自杀，乡亲们纷纷躲进密林。咪依鲁挺身而出，她决不让乡亲们为难，也不让阿妈遭罪。为了拯救受苦受难的乡亲，她采了一朵有剧毒的白马缨花，插在头帕上，毅然登上山顶，来到天仙园。土司非常高兴，立刻传家丁端来了酒，咪依鲁悄悄取下头帕上的白马缨花泡在酒里。她倒满一碗酒端到土司面前说："愿你我永远相爱，共同干了这碗同心酒。"说完，自己先喝了两口，递给土司。土司不知是计，接过酒碗，喝干了毒酒，顿时，酒碗落地，瞬间毙命。查列若捕猎回来，得知咪依鲁进了天仙园。他满腔怒火，别上快刀，张弓搭箭，呼唤着咪依鲁，奔向天仙园，吓得土司的家丁抱头鼠窜。查列若找到咪依鲁时，她早已闭上美丽的眼睛。他悲痛地抱起咪依鲁，走出天仙园，边走边哭，边走边喊，呼唤他的心上人。他哭干了眼泪，滴出了鲜血，鲜血把崇山峻岭的马缨花染得通红。从此，彝族山区就开出了鲜红的马缨花。

彝族人民为了纪念咪依鲁，每逢农历二月初八这天，都要举行马缨花节，有些地方也叫插花节。人们从山上采几枝马缨花插在门头上，拴在牛羊角上，别在农具上，把马缨花视为吉祥、幸福的象征。马缨花节这一天，人们穿上色彩鲜艳的绣满马缨花、山茶花的盛装，头帕上插着鲜花，带上坨坨肉、苦荞粑粑、苞谷酒，还有其他各种美味佳肴，来到铺满松针的山顶团聚。他们呼朋引伴，推杯换盏，共祝幸福吉祥。林下花间，男女老少和着芦笙围成圆圈"打歌"，未婚青年男女则围着篝火翩翩起舞，选定自己的情侣，互送鲜花，作为定情礼物。

马缨花节是云南彝族的一个重要文化符号，促进了当地生物多样性的保护，至今繁茂的古茶花和漫山遍野的马缨花，就是很好的例证。

如此惊艳的地涌金莲，你们竟然拿来喂猪？

佛教在初创期就与植物有着不解之缘。释迦牟尼诞生在蓝毗尼园的无忧树下，每走一步足下都会生出金光灿灿的金莲花，出家苦行于黑森林中，觉悟于菩提树下，涅槃于娑罗双树间。佛陀一生的几个重要时刻都与植物密切相关。

在上座部佛寺中，植物不仅具有实用和景观营造功能，更蕴含着丰厚的文化内涵及生态思想。在我国西双版纳等信奉小乘佛教的地区，建寺时规定必须栽种一些特定植物，种类虽可多可少，但"五树六花"是不能少的。"五树六花"的具体种类，受地理环境和气候条件等因素影响，不同学者持有不同的观点，唯有地涌金莲（*Musella lasiocarpa*）以其独特的外观和文化内涵，一直位列其中，深受人们的爱戴和崇拜。

第一次看到地涌金莲

菩提树叶子

无忧树叶子

人工栽培的地涌金莲

的时候，我就被它震撼到了：硕大的花序，金黄色的苞片，极其华丽霸气，有种"花中女王"的姿态。因其独特的外表，人们赋予它高贵、神圣、朴实高雅之意，并把它作为高档花卉品种来栽培。原产自云南中部至西部的地涌金莲还有很多别称，傣族群众称它为波欢般嘎（音），彝族群众称之为嗯嘎兜（音），还有人叫它千瓣莲花、地莲花、地芭蕉、地母金莲、地涌莲、矮芭蕉、地母鸡宝兰花，等等。作为芭蕉科（Musaceae）地涌金莲属中的唯一成员，它的珍贵不仅是因为它的"一花独秀"，更是由于野生地涌金莲的种群数量极其稀少，生存环境非常特殊，分布范围十分有限。

　　国际著名的植物学家克雷斯（J. Kress）博士曾经感叹："地涌金莲的自然分布区过于狭小，野生种群可能已经绝灭！"克雷斯的担忧不无道理，有些物种就是由于分布区太过狭小，当遇到自然灾害或人类活动的干扰，整个物种就可能彻底消失了。幸运的是，经过多年的实地考察，我们发现了野生状态的地涌金莲，它们大多生长在悬崖绝壁，人们难以企及。与栽培的植株相比，野生地涌金莲花序苞片为橙色，而不是人工栽培出的金黄色，而且野生的叶片更加

左：野生地涌金莲
花序苞片为橙色
右：人工栽培的地
涌金莲花序苞片呈
金黄色

明亮，叶柄呈现些许红色。这些生长在悬崖峭壁上的地涌金莲的处境其实是十分艰难的，因为它们正好处在地震带上面，一旦发生地震，便会造成山体滑坡。难以预料的自然灾害和人为活动的干扰，使得地涌金莲的自然生境随时面临被毁坏的危险。

不过你们也不用太担心，云南地区的彝族同胞很早就意识到这种植物对他们的生产生活非常重要，所以他们的房前屋后有很多地涌金莲。夏天，地涌金莲长出很多叶子，彝族人民就把去除叶鞘后假茎中最里面的部分切成丝，与肉丝或肉片一起爆炒，味道清香可口。到了冬天，地处高海拔的彝族地区十分寒冷，绝大多数植物都不开花，而地涌金莲却开得旺盛，花期长达6个月以上，那个时候整个村子周围全都是金灿灿的，非常壮观、漂亮。当地群众把花采摘下来和火腿肉、蚕豆米一起烹煮成汤菜；或者将鲜嫩的苞片切成丝，用清水煮后配以辣椒、花椒、葱花、食盐搅拌，清脆爽滑。

不只是美化了山村和田野，冬日里的地

地涌金莲的生长环境

涌金莲在这个时候也能发挥它另外一个重要的价值。在滇中紫溪山一带，有一种十分特别的混农林系统（Agroforestry system），可以概括为"果树+地涌金莲+作物+蜜蜂"系统：一般在园子和山坡台地上，人们习惯栽培李子等果树，其中一个叫作"清脆李"的地方品种最为有名；在坡地或台地上种植玉米、小麦、豆类、蔬菜等农作物；在地埂边则种植成行或成片的地涌金莲。养过蜂的人知道，在冬天，蜜蜂没有花蜜可以采，会因缺粮而饿死。有经验的养蜂人就会有意识地留一些蜂蜜放在蜂巢里边，或者他们去市场上买红糖或者白糖放入蜂巢，给蜜蜂过冬，这样蜜蜂才可以活到第二年春天继续去采蜜。但是在这里，养蜂人不需要这样做，房前屋后的地涌金莲就是冬季里最重要的蜜源，这种混农林系统是当地百姓勤劳智慧的一种体现。

几十年前，彝族同胞的生活非常艰难，经常没有吃的，他们房前屋后种这么漂亮的花，难道只是因为热爱花草吗？一开始我们也心存疑惑，便追着他们刨根问底，他们才回答："咳，这是拿来喂猪的！"听了以后我们就更加纳闷了，这个地方的猪可以吃的东西太

栽培地涌金莲的
混农林系统

多了，有很多野菜、野草和地里种的庄稼，为什么一定要用地涌金莲来喂猪？后面他们告诉我们："用地涌金莲喂猪，猪长得快，肉质也好。"

当我们得知地涌金莲这样独特的作用时，除了惊讶，更多的还是想弄清楚其中的奥妙。于是，我们便把样品带回了实验室，结果发现地涌金莲含有丰富的活性化学成分、营养元素，包括蛋白质、维生素C以及微量元素铁、锌等，且含量都非常高。衡量饲料质量最重要

地涌金莲的根状茎
常被拿来喂猪

的一个指标就是蛋白质的含量，为了使数据分析更加直观，我们把常吃的大白菜作为参照对象，结果是没有对比就没有伤害，大白菜中蛋白质的含量，竟然远远不如地涌金莲里的蛋白质含量。民间有一个说法，漂亮的女生被长得不怎么帅的男生追到了，其他人就会酸溜溜地说："好白菜被猪拱了。"但在这里，猪拱的肯定不是大白菜，而是地涌金莲。

现在大家应该都知道彝族老百姓真的是非常喜欢地涌金莲，爱它是因为它用途广泛，能够为老百姓的生产生活带来好处，但他们可能不知道，正是由于他们的这些习惯做法，对生物多样性保护起了非常重要的作用。对于地涌金莲这样一个分布区极其狭小、生态系统十分脆弱、有性繁殖非常困难的物种来说，如果没有少数民族传统文化的影响，没有当地百姓那么多管理和利用地涌金莲的知识，没有他们世世代代的栽培和守护，地涌金莲可能早就从地球上消失了。可以说，是中华民族传统文化滋养了地涌金莲，让这朵金莲花永不凋零。

身价上涨的荞麦

在北方，荞麦一年可种植两季，产量不算高，所以人们很少种植。除非庄稼遭到了洪水和雹灾，几乎绝收时，赶在立秋以前，人们才"三伏过来种荞麦"，以降低灾情造成的损失。荞麦作为贫瘠之地产物，救人于荒年之时，能解人于饥荒。老一辈提起荞麦便直摇头嘟囔道："荞麦我可是吃够了，过去日子穷，天天吃荞麦……"现在北方人民开始喜欢上粗粮细作，想方设法把荞麦做成各式各样的面食，荞面蒸饺、荞面饸饹、荞面煎饼……华丽变身后的荞麦吃起来越嚼越香，让人垂涎三尺。现代科学表明：荞麦是一种营养价值极高的粮食作物，具有实肠胃，益气力，续精神，能炼五脏滓秽之功效。

我国是世界上最早栽培荞麦的国家，荞麦属大多数野生近缘物种也分布在中国。我们平时常吃的有两种栽培荞麦，一种是主要生

左：荞面皮的饺子
右：香气扑鼻的荞面饸饹

长在北方的甜荞（*Fagopyrum esculentum*），另外一种则是分布在西南、西北和南方等地区的苦荞（*Fagopyrum tataricum*）。苦荞既是彝族人民最为喜爱的主要食物之一，也是彝族地区种植历史最为悠久的农作物之一。据《西南彝志》记载，公元前2世纪，凉山彝族从原始部落社会进入奴隶社会，由游牧走向定居生活，人们开始种植苦荞。在彝族阿妈的眼中，荞麦的花儿是最漂亮的，无论是多么贫瘠的土地上都能开出白色或粉红色的五瓣小花，比大麦、小麦、燕麦好种多了。有句谚语说得形象而又生动："人间阿母（母亲）大，家中阿达（父亲）大，庄稼荞麦大。"荞麦，在彝族人民生活中扮演着重要角色。

蜜蜂正在采集苦荞花蜜

大凉山上的苦荞

马桑树开花是播种荞籽的最佳时机。开始打荞前，彝族村民首先把三垛荞禾竖在帆布的一端，分别代表祖父"阿普"、祖母"阿玛"、子孙"兹"，并在每一垛下面放一个荞粑粑和两块肉作为祭品。打荞开始后，会有专门的人虔诚祷告，大致意思是：祖父祖母，今天我们家打荞，请你们过来这里玩，把别人家的好荞籽也带到我家。打完一轮后，由女主人抱起一把已经脱粒的秸秆到旁边点燃，让白烟升起来，为"荞神"引路，前来保护荞籽丰产，并防止下冰雹。打下第一批荞籽后，当场杀一只阉羊用以祭颂"荞神"。颂辞曰："去年得丰收，今年得丰收，来年要丰收。请赐我们——荞长如竹林，荞堆如坡坎，竹围装不下，囤包装不下，老人吃您（指荞）乐盈盈，儿孙吃您黄亮亮。"

除了虔诚祈祷，还有一些关于荞麦的禁忌村民们需要严格遵守：蛇日不能播撒种子，撒则成冥食；兔日不可打第一场荞籽，也不可以吃新荞籽，否则收成会减少；刚犁完地的牛不能经过荞籽地，否则牛身上散发的气味会让荞籽长不好，导致只开花不结籽；庄稼收获季（7—9月）不能砍树，因为"见白"怕引起冰雹。也就是说任何对荞麦有威胁的事物他们都要统统避开。种荞就是村民生活中的头等大事，他们要选最好的日子进行播种、收获，并在生产生活中把它作为有灵魂的生命来呵护，以此盼望着苦荞获得圆满丰收。

同样，生活在云南省麻栗坡县城寨村一带的彝族支系白倮人，他们对苦荞的依恋以及由此发展而来的文化习俗也丰富多彩。每年农历四月的第一个龙日是荞菜节——一个与荞麦有关的特殊节日。据传，远古时候，彝族村寨发生了一场火灾，粮食被烧得颗粒不剩。一位村民在一只反扣的碗下意外地发现了几粒荞麦种，并将其种到地里，村民才慢慢有了粮食。为感激荞麦的救命之恩，人们在

彝族一家人在收荞麦

荞麦幼苗

每年农历四月的第一个属龙日都欢庆荞菜节。每到这一天，彝族人民就到菜地里喊"荞魂"回家，送到楼上，请祖先和"荞魂"共同享受节日的快乐。同时，穿着节日盛装的人们在寨老的带领下，不分男女老少都云集到龙树下，在铜鼓和皮鼓的敲打声中，男女老少载歌载舞，尽情地表演狮子舞、棍棒舞、二胡舞、皮鼓舞、团结舞等各种舞蹈，生动有趣地演绎着荞麦的传说、仪式和习俗。

荞麦除了备受中国人的喜爱，在日本、不丹等国家同样备受欢迎。日本的荞麦文化，以长野县箕轮町的红花荞麦节，以及日本餐厅琳琅满目的荞麦美食为代表。在日本，不吃荞麦面就不算过年，他们搬家、祝寿也离不开荞麦。日本小说家栗良平创作的小说《一碗清汤荞麦面》中，通过一碗荞麦面激励人们在困境中仍然要充满希望，坚强面对生活的不幸，体现了人与人之间的关爱和尊重。

眼下，由于现代人越来越注重饮食养生，荞麦的身价比小麦贵了许多，"健康"成了它最大的亮点。我不禁畅想起来老年生活：一片空地，一畦种荞麦，一畦种蔓菁，感受荞麦花遍野盛开，白茫茫一片，微风吹拂，麦浪滚滚，各种苦荞糊糊、苦荞馍馍、苦荞茶、苦荞糕点挨个制作个遍……这样的田园生活岂不美哉、乐哉？

第二章
中国第56个民族——基诺族

　　基诺，过去称为"攸乐"。作为"直过民族"（指中华人民共和国成立后，未经民主改革，直接由原始社会跨越几种社会形态过渡到社会主义社会的民族）之一，基诺族主要聚居于西双版纳，总面积600多平方千米的基诺山是基诺族世代繁衍生息之地。关于基诺族的族源，最早的文字记载出现于道光年间的《云南通志》："三撮毛……发留中左右三撮。以武侯曾至其地，中为武侯留，左为阿爹

本书作者龙春林
教授（中）与基
诺族同胞合影

留，右为阿媒留。又有谓左为爹媒留，右为本命留者。"基诺本地人普遍认同其祖先是三国时代跟随孔明南征而来，因途中贪睡而被丢落于基诺山。民国时期姚荷生有一首《龙江打油诗》："昔从武侯出汉巴，伤心丢落在天涯。于今不问干戈事，攸乐山中只种茶。"所言正是这个传说。

现如今，整个基诺山寨，从刀耕火种、刻木记事，实现了一步跨千年，旧貌换新颜，由原始社会直接过渡到社会主义社会。放眼望去，一片崭新的房舍、通畅的公路、良好的生态，正如基诺族作家张志华笔下的家乡："热带雨林中的基诺山，在那遥远的故乡……雨林覆盖着的故乡，那凉爽的清风，优美的环境，绿色的家园，不同季节盛开的野花紧围着故乡的身旁……"这份天蓝、地绿、水清，一定要归功于基诺族人民世世代代以勤劳和淳朴向自然续写的亘古渊源。

版纳黄瓜——黄瓜家族的大块头

来到西双版纳游玩，我建议大家可以尝尝一款超级大的黄瓜，不过你可千万别喊成："老板，给我米一个哈密瓜。"确实，它看起来更像哈密瓜，不像平时看到的黄瓜又瘦又长。这种大大的黄瓜被植物学家称为西双版纳黄瓜（*Cucumis sativus* L. var. *xishuangbannanesis* Qi et Yuan），简称版纳黄瓜，其实就是黄瓜家族的一个变种。这里需要普及一下在植物拉丁名中常看到var.，它代表的意思就是变种。var.前面的是这个植物的基本种，翻译过来就是黄瓜的意思；var.后面就是变种的名字。在植物中，有些植株的性状与基本种不同，一般是以花色、株形、叶形等某一性状的差异来划分变种。

平时市场上售卖的黄瓜都是细细长长的，有的黄瓜皮的颜色淡

左：西双版纳市场上的小黄瓜

右：版纳黄瓜是个大块头，比普通小黄瓜大了一倍

一些，有的深一些。而版纳黄瓜在形状上就和普通黄瓜有着明显的区别，它们多为短柱形和方方圆圆的形状，小的黄瓜有二三斤，大的重达五斤以上。普通黄瓜放置两三天就变得不新鲜了，而嫩的版纳黄瓜在常温下储存一个星期后表皮仍光亮新鲜，果肉也是水水嫩嫩的；要是老熟瓜的话，它的贮藏能力就更强了，常温下可贮存2个月左右。

第一次与版纳黄瓜结缘是我们科研团队在基诺山开展基诺族的民族植物学调查的时候。当时正值雨季，雨林中密不透风，又闷又热，口渴难耐，恰巧碰到正在地里劳作的周布鲁和阿妹这对夫妻，他们看出我们不是当地人，便操着一口不太标准的普通话问我们从哪儿来，这么热的天气，要不要进屋喝点水。我们热得晕头转向，连忙点头道谢，进到屋内，见地上摆了不少"冬瓜""南瓜"，但又感觉不太像。周布鲁见我们一直盯着这些瓜，便问我们要不要尝一尝这些大黄瓜，我们才恍然大悟：原来这是黄瓜呀！说着他用刀把瓜切开分给我们品尝，至于这口感嘛，除了瓜皮较厚，大黄瓜的确吃起来更加香甜，嚼一嚼，脆脆嫩嫩，清新爽口，香脆多汁，非常解渴。阿妹又切开我们误以为是"南瓜"的黄瓜，让我们再次品尝，竟有一丝酸甜。周布鲁夫妻见状哈哈大笑，他们说接近成熟的大黄瓜是偏白色的，完全成熟的瓜是橙色的，老瓜、嫩瓜都可食，各有味道。大家都觉得黄瓜很好吃，想买点黄瓜回去带给实验室的兄弟姐妹吃，可是屋里没有那么多的黄瓜，我们就问周布鲁，还有没有更多黄瓜，他说在地里，于是我们一同前去摘瓜。

在路上，周布鲁和我们讲到基诺族曾经重要的生产方式就是轮歇农业，也就是刀耕火种。所谓刀耕火种，就是砍伐森林后，放把火烧掉，烧完之后，种上庄稼，过两三年不要了，再砍一片森林。他们把土地分成十三片，每一片使用两年或者三年，把这十三片地

我们接周布鲁和阿妹夫妇到中央民族大学，分享传统知识

用完之后，再回到第一片地，这第一片地就已经长出来很多参天大树了。一般来说，把树木一把火烧干净，是严重破坏森林生物多样性的，可是如果我们看周期的话，其实不完全是那么回事，因为有一些物种，它们需要一个开阔地才会活得更好，如果让它们在茂密的森林里，可能就活不下去了。而且刀耕火种创造了不同的生态系统类型、不同的栖息地，为不同的物种提供了不同的生态位，也就是不同的生存空间。基诺族凭着刀耕火种维持着当地的生物多样性，也是合理地利用当地土地资源、森林资源的一种方式。当然，现在森林面积减少了，人口增加了，我们不能提倡大家去搞刀耕火种、砍伐森林。但从这个故事可以看出，基诺族的这种轮流利用森林和土地的生产方式，是符合当时的自然和历史环境的，蕴含着古朴的生态文明思想。

现如今刀耕火种时期已经结束，但基诺人还在利用版纳黄瓜的攀缘特性，将其与旱稻、玉米等作物套种，以便能够充分利用空间和光照。而且种植版纳黄瓜十分省心、省力、省时，不用施太多的肥料，可以放心地任其自然生长，这对于家里农活繁多，没有空闲时间打理的农户来说，极大地减轻了他们在田间管理作物的负担。周布鲁擦了擦额头的汗笑着和我们说："有时候黄瓜熟了我们也不管它，什么时候想吃了什么时候采收，根本不担心黄瓜坏掉。"

沿着田间的小路向坡下走，长势强盛的瓜藤映入我们的眼帘，周布鲁指了指下面说："你们搞研究的都是有文化的，帮我们研究研究这大黄瓜。"原来，20年前，这里的农户几乎家家都种版纳黄瓜，周布鲁娶阿妹的时候，大黄瓜的种子就是阿妹的嫁妆，逢年过节，大黄瓜的种子也是亲朋好友之间交换的礼物。对于基诺族来说，版纳黄瓜不仅仅是一个简单的作物品种，它还被赋予了建立私人关系的力量。然而近些年来种植版纳黄瓜的农户越来越少，版纳黄瓜甚至在一些村寨已经绝迹，处于濒临消失的境地。

瓜摘完了，我们的心情也变得沉重起来。看着通往县城的柏油路一步步扩展，看着一排排的新房拔地而起，看着村里的年轻人走出大山，日子变得富裕了，人们对食物的追求不再是单一化、简单

在北京试验田大棚
中的版纳黄瓜

化，农家品种的价值和文化也正在渐渐被人们遗忘……

我们拿着满满两袋版纳黄瓜，告诉周布鲁和阿妹，我们不仅要拿回去分给大家品尝，更重要的是把它带到实验室，让更多的人看到版纳黄瓜的价值，知道版纳黄瓜作为我国西双版纳傣族自治州及周边地区的特有种质资源，一直以来都采用自然农法的栽培管理，是一种经过当地人长期栽培和利用后得以保存的独特农艺性状，既是十分珍贵的植物遗传资源，也是当地农业生物多样性以及农业生态系统可持续发展的重要组成部分。

基诺族的"民族之花"——杰波花

　　农历三月的云南，是如梦如幻的胜地。行走在西双版纳遮天蔽日的雨林中，一层层大自然铺就的天然屏障将人隔绝在凡俗之外，万物开始复苏，浓烈的绿，鲜艳的粉，清新的蓝，纯洁的白……纷纷出现在基诺山的调色盘里，此时此刻的基诺山更像是一个孩童，活泼且浪漫。"丽丽（知了）叫了，杰波花开了，该播种咯！"孩子们摘下杰波花，哼唱着儿歌，奔跑在粉白色的花海中。

　　就像雪山之于藏族人民，"祖母屋"之于摩梭人，基诺族人民对杰波花的情感是独特的，他们将杰波花视为族花，这种喜爱，绝不亚于这个民族对太阳、对古茶园的崇拜。在耳熟能详的民歌里，杰波花几乎具备包罗一切美好事物的本领。幸福欢乐、女子貌美、爱情甜蜜，无一不能用杰波花赞美歌唱。而世上的繁花万万千，我们

左：杰波花花朵
右：杰波花枝叶

不禁要问，基诺族人民为何独爱杰波花？杰波花到底是哪种花？它
作为基诺族的"民族之花"，一定不是空穴来风。

杰波花其实是豆科粉花羊蹄甲（*Bauhinia variegata*）的花，和
大名鼎鼎的香港特别行政区的区花紫荆花（*Bauhinia blakeana*）
是"姊妹"，杰波花可吃，但紫荆花并不能吃。一般粉花羊蹄甲
（杰波花）都能长到30多米高，这种落叶乔木在开花时整棵树都

是光秃秃的，只有大大的花朵开放，白色至粉白色，共有5个花瓣，中间花瓣上还有紫红色的斑块，叶片如羊蹄印子一般，十分有特色。

如果我们在杰波花遍地盛开的时候来到基诺山，必定得先要一份清炒杰波花，细细品尝，才能心满意足。杰波花上桌，一股浓浓的清香瞬间扑鼻而来，唤醒肚子里的馋虫。就算光闻不吃，也能令人胃口大开。当杰波花的花吃完了，嫩叶早已冒出枝头，人们就继续采嫩叶吃，吃完了叶子还可以吃幼果，总之，杰波花除了枝条不能为人所食，其他部位都能做成餐桌上的美食。

左：焯水后的杰波花
右：清炒杰波花

说起鲜花入食，早在《诗经》《山海经》《神农本草经》中就有食用花卉的记载，尤其是在云南少数民族中，食花是一个非常普遍的现象。他们吃花，就跟他们吃菌子一样寻常。翻遍整个地球村，恐怕没有任何一个地方像云南这般采花、吃花如此普遍。云南花卉种类多、数量大，吃的花论斤卖，观赏的花也论斤卖。食花是在彩云之南这片高原沃土上，人们千百年来认识自然、适应自然的生命历程中，对其生存空间内现有食物的自然选择结果，以此形成了独特的食花文化。按民族植物学调查统计，云南各地的食用花，加起来有300多种，当地人民所使用的食花植物种类和烹调方法均遵循自己的传统文化，其食花的文化内涵和传统信仰紧密相关，具有鲜明的民族性和地区性。

基诺山巨榕树

　　在基诺族的传统文化中，杰波花还是爱情、幸福、华丽、和平、美好的象征。当青黄不接之时，漫山遍野的植物含苞待放，绿意在山野间蠢蠢欲动，山坡上灿烂的杰波花总会率先冒出枝头，满树呈粉白色，在林中非常迷人醒目。年轻气盛的基诺族小伙想亲自摘下杰波花送给心爱的姑娘，谁爬的树最高大，谁就最有力量；谁爬上了最难爬的树，谁就最值得托付；谁采的花儿最多，谁就能赢得姑娘的芳心。在姑娘们的呐喊声中，他们都铆足了劲，向心仪的姑娘证明自己的强大和力量。1、2、3、4……拎着篮子的姑娘一朵朵地数着小伙的成果，他们相视一笑，脸上瞬间升腾起羞涩和甜蜜。

　　人们擅长借花草树木表达内心的思想感情，在欣赏植物外在美的同时，也赋予了它们某种特定的文化。粉花羊蹄甲是次生树种，不在原始森林中生长，而是在荒地上丛生。在刀耕火种的年代，土地贫瘠，杰波花依旧能够自行生长，基诺族人民认为杰波花就和他们一样，能够适应艰难的生存环境，能够在逆境中生长。他们借此抒情、托物言志，用杰波花的特征、习性表达了人们对美好事物的追求。无论是文人墨客还是达官显贵、平民百姓，人们都能从植物中收获智慧、感悟人生。植物早已成为传统文化的载体，成了在精神层面引导和改变人类生活方式的自然力量，这就是植物文化的魅力所在。

守住古茶树的家园

　　提到普洱茶，很多人都以为它产于普洱市。但其实，在过去普洱只不过是普洱茶的交易地，真正的普洱茶产地在西双版纳。此篇我们要讲述的茶山就是云南大叶茶的中心产地，享誉六大茶山之首的基诺茶山。《滇海虞衡志》中记载："普茶，名重于天下……出普洱所属六茶山，一曰攸乐，二曰革登，三曰倚邦，四曰莽枝，五曰蛮耑，六曰慢撒……"这座唯一不在勐腊县境内的古茶山，虽同属

基诺古茶园

风光旖旎、云雾缭绕的
基诺古茶园

西双版纳六大茶山，却在澜沧江与勐仑江相交处，保存了独有的自然风貌。

　　20多年前，龙春林老师第一次来到基诺山亚诺村做民族植物学调查，便被这风光旖旎、云雾缭绕、茶香飘万里的古茶园所吸引。那时，村民用古茶树嫩叶制作成茶叶，价格低廉，每斤卖不到两块钱，加之后来随着国家自然环境保护政策的实施，之前亚诺村用刀耕火种方式解决生活问题的部分森林被划进了自然保护区范围。村民为了生计，打算把古茶园开垦成农业用地，改种粮食作物或果树。得知这个情况后，龙老师十分着急，因为他知道如果把古茶树全部砍掉，今后村民一定会后悔的，而且这种结果是不可逆的，无法补救。那几年，在基诺山上随时都能寻得龙老师的身影，他逢人便讲古茶树的优点，以及破坏、砍伐古树的后果。幸运的是，随着国内普洱茶价格上涨和古树茶的热销，当地农民收入也日益增加，他们终于知道了古茶树的价值，古茶园得以留存，基诺山一带的生态系

统也得以保住，我们还能有机会感受基诺山的古茶魅力以及它的无限风光。

2020年初，应让我们与版纳黄瓜结缘的基诺族好朋友周布鲁之邀，龙老师带着大家又一次前往基诺山，这是他第35次走进基诺山。此次进山是为了解决有关当地生物多样性保护的问题。

生态系统保护和修复被列入全面深化改革的重大问题之一，基诺山方圆几十千米内被划为国家自然保护区，规定提出保护区内禁止栽种经济类作物。可当我们走进保护区，仍能看到零星新种茶树的身影，多棵大树因被村民蓄意破坏以致枯死。现如今，古茶树制成的普洱茶，能够卖到上千元一斤。当利益的诱惑足够大，执法再严密，也难以杜绝此类事件的发生。我们跟着周布鲁进入古茶园，发现一些古茶树被砍伐"截肢"，整株茶树已经面目全非。周布鲁说："老百姓为了保住产量，就会这样过度修枝。"不仅如此，他们为了能够充分利用栽种空间，便在古茶树的间隙中种满新的茶树，尽管他们也担心肥料的增多可能会导致病虫害的加剧，但是为了能赚取更多的收益，也顾不得这么多。

在茶园走一遭，我们发现的问题远远不止这些，树木被破坏的情况令人扼腕叹息。我们发现了一棵树龄约百年的漆树（*Toxicodendron vernicifluum*）被剥了一整圈的树皮。龙老师痛惜无奈地摇摇头说："这棵树肯定会死的！"草木皆有生命，人岂能无真情？这些大树的存在不单单是为茶树遮阳蔽雨，保证茶树的品质，还有个很重要的因素就是有了这些大树，同时还有其他的一些物种，使得病虫害能够得到抑制，从而不会大面积暴发。在科学上这个说法叫"多样性导致稳定性"，也就是说生物之间是需要相互牵制的。

经济发展与环境保护之间的矛盾，似乎总在循环发生。但不代表经济发展和环境之间的矛盾不能解决，或者说经济和环境之间的关系，既有矛盾的一面，又有双赢的一面。结果如何取决于大家以怎样的态度、理念、方式去对待。亚诺村作为基诺山古茶树资源最丰富、古树茶产量最高的村寨，已有500余年的历史。古茶园的植物群落垂直分层，有参天的古木，也有低矮的草本植物，茶树居于它们中间。数百年的老茶树漫山遍野，树干苍劲，树顶吐绿，附生着兰花，透着无限生机，这一切都要归功于世世代代的基诺人与自然万物唇齿相依的原始情感。如今人们所追捧的古茶树因其稀缺性和较高的生态价值得以被高价卖出，但随着行业的发展与市场的选择，原有古茶树的味道被迫改变了。

为了想办法让村民发自内心地产生觉悟，龙老师便用斗茶的形式把附近三座茶山的茶农召集起来，让大家品鉴这古茶树和新茶树炒制茶之间的不同，现场对这些匿名的茶品进行打分排序。结果是，得分最高的就是古茶树炒制出来的茶。老师笑着告诉茶农："我今天可以把我们的研究成果分享给你们听，研究发现古茶树和新茶树

数百年的老茶树漫山遍野

之间确实存在一定的差别，最主要的就是古茶树里面的内容物含量更高一点，所以我们喝起来口感是不一样的。"物有所值，这不仅仅是对购买者的诚信保证，也是对祖先留给我们宝贵财富的世代传承。村民若有所思，频频点头，主动谈起基诺族对古茶树的祭祀和崇拜。他们也深知，在祈求丰收的同时忽略了对古茶树的关心……这时雨又在静谧的傍晚不期而至，映衬着茶山的诗情画意。云雾缥缈，春意阑珊，绿色无尽分外浓，这是春雨的杰作，更是自然茶园对人们的厚爱。还记得龙老师在央视纪录频道《追梦者》第五集《家园》中讲述他的理想家园就是：人和自然和谐相处，整个经济社会可持续发展，上对得起祖先，下无愧于子孙后代。而我也始终相信，这种和谐，终将会不期而遇。

第三章
梯田里的哈尼人生

来到哈尼族人民生活的地方，你会被茂密森林环绕的哈尼族山寨深深吸引，你会被勤劳质朴的哈尼族朋友所感动。他们热爱自己的家园，永远不忘乡愁；他们喜欢绿色，村庄建在半山腰上；他们

哈尼梯田

热情的哈尼族同胞

向往人与自然和谐共生，创造出森林、村庄、梯田、河流"四素同构"的天人合一的人间奇观；他们祭祀神林，每年的"昂玛突""苦扎扎（六月年）"都要举行庄严的祭祀活动，祈求全村人民幸福安康、六畜兴旺、五谷丰登。

可以说，哈尼梯田是哈尼族的骄傲，是哈尼文化的重要载体。哈尼族在长期的发展过程中，形成了丰富多彩的哈尼梯田文化，这也成为哈尼族文化最重要的组成部分。

前程远大的"野蓝莓"

　　蓝莓无论是从外观、口感，还是营养价值方面，都备受男女老少的喜爱。伴随着"车厘子自由"自嘲式调侃的迅速走红，蓝莓也因其昂贵的价格站稳了水果圈鄙视链的顶端。努力实现"蓝莓自由"也成了年轻人奋力拼搏、改变现状的代名词。

　　而在云南红河哈尼族彝族自治州，哈尼族人民绝不会对实现"蓝莓自由"如此渴望，因为他们早已找到和蓝莓长得差不多，而且同样富含高营养价值的替代野生水果，俗称"野蓝莓"。之所以把这种水果称为野蓝莓，事实上是有科学依据可循的，它与蓝莓同为杜鹃花科家族的成员，在植物亲缘关系上称得上是近亲。在哈尼梯

野蓝莓藏匿于哈尼梯田之中

田深处，浓雾笼罩的森林边缘，那一丛丛的小灌木，每当结果时节，一串串如蓝宝石般的果实挂在枝叶上，像极了蓝莓。

野蓝莓的中文名字叫长苞白珠（*Gaultheria longibracteolata*），是白珠树属中发现较晚的植物。在世界范围内，白珠树属类植物在食品、医药、工业、生态、园艺等方面一直被广泛使用，尤其在医药方面，白珠树属生产的冬绿油（*Wintergreen oil*）具有重要开发价值。天然的冬绿油通常来自白珠树属的两种白珠：铺地白珠（*Gaultheria procumbens*）和芳香白珠（*Gaultheria fragrantissima*）。这两种植物都具有清凉油似的浓郁芳香。相关研究表明，我国著名的芳香药用植物透骨香（又名滇白珠，*Gaultheria leucocarpa* var. *yunnanensis*）也含有大量的天然冬绿油。

对于冬绿油这个名称大家可能不太了解，但它与我们的生活息息相关，比如我们日常用到的牙膏、漱口水、驱虫剂、活络油、膏药、香薰等生活用品中都有它的身影。冬绿油里最重要，也是最主要的成分是水杨酸甲酯，在化学结构上与阿司匹林（乙酰水杨酸）非常相似，具有较好的抗菌、镇痛和抗炎的生物活性，能够有效缓解肌肉和神经疼痛。基于这些功能和特点，用冬绿油开发的保健产品也琳琅满目，尤其以补充医学中的芳香疗法居多。

民族植物学工作的最大乐趣就在于和老百姓打交道的时候，你能够了解到很多超出原有理论框架的知识，我们把这些知识称为传统知识。找到这些现象、行为的科学依据，弄懂其中的奥妙和原理，保护这些璀璨而宝贵的文化便是民族植物学研究者的工作内容和意义。我们在做科学研究时，一般是按照发现现象、提出问题、做出假设、设计并实施实验、分析实验结果、得出结论这几大步骤来完成研究内容。所以，当我们发现野蓝莓在哈尼族人的饮食、医药等领域扮演着重要角色，其特殊作用引起了我们极大的兴趣。野蓝莓

野蓝莓（长苞白珠）
的野外状态

的成分究竟如何？它浓烈的芳香气味是否代表着其体内也含有大量的冬绿油类物质？为了弄清楚这野蓝莓的来龙去脉，从2015年至2018年，云南红河便成了我们研究团队的常驻之地。

从味道上来讲，野蓝莓的味道确实不逊于真正的蓝莓，甜中带着点微酸。我们对野蓝莓进行了研究，结果显示，其果实水分重量占鲜果重量的75%以上，含丰富的蛋白质、脂肪和维生素，具备低糖、低卡的良好特性，十分适合减肥人群和糖尿病患者，怪不得漂亮的哈尼族姑娘对它情有独钟。而且让我们惊讶的是，正常的蓝莓果实中膳食纤维含量就已经很高了，大概是猕猴桃的1.4倍、苹果的3倍，而野蓝莓膳食纤维的含量竟是市场售卖的蓝莓的3倍。膳食纤维在现代养生健康领域可是一个非常时髦的词，科学家根据研究提出建议，人每天应摄入25—29克或更多的膳食纤维，有助于降低各种重要疾病的发病风险和死亡率。如此说来，富含高膳食纤维的野蓝莓是不是完全具备成为有色浆果市场中一员大将的巨大潜力？

接着，我们又对野蓝莓的精油加以分析，结果与我们先前的猜想一致：野蓝莓里面的确含有大量的冬绿油，而且水杨酸甲酯的成分高达90%以上。当然，有人说，水杨酸甲酯等成分对人体具有一定的刺激性。本着"抛开剂量谈毒性都是耍流氓"的原则，我们需要在此澄清：在对野蓝莓的传统利用过程中，水杨酸甲酯等刺激性成分的剂量很低，我们在调查过程中也未发现因此而受伤或中毒的案例。

　　总之，关于野蓝莓，即长苞白珠这种植物，我觉得用一个现在比较流行的词来形容最合适不过，那就是"平替"。"平替"的意思就是用平价的产品替代贵的产品，并能够保证效果。大牌化妆品的平替、时尚包包的平替，越来越多的平替产品深受消费者的追捧，俨然成为一种市场趋势。对于长苞白珠而言，它的果实不仅可以成为蓝莓的平替，也可以很好地替代其他白珠树种，成为优良的天然冬绿油原料植物。如果让这种产于云南，被哈尼族人民充分利用的植物可以发挥它的优势和价值，绝对是一件有意义的事情。

哈尼梯田间的冬瓜树

来到哈尼梯田，最大的感触就是哈尼族人民真的太爱森林了。这里的阿婆告诉我们：树和人一样都是有生命的，人与树之间应该是平等的，热爱森林、保护森林、崇拜森林是祖祖辈辈遵守的约定。2008—2012年，云南多地旱情严重，许多地方人畜饮水极为困难，然而在哈尼梯田，这里丝毫不受影响，一片片梯田郁郁葱葱、碧波荡漾，人们有热水可以沐浴，有清水可以洗衣，有泉水可以泡茶，有溪水可以灌溉，其中的奥妙与一种叫水冬瓜树的植物有着直接联系。可以毫不夸张地说，只要山上有一片水冬瓜林，山下就会流淌出清清的泉水。

水冬瓜树是桦木科桤木属尼泊尔桤木（*Alnus nepalensis*）的别称。成年的尼泊尔桤木高约15米，主要产于我国的西藏、云南、贵州、四川西南部和广西地区。在哈尼山乡，水冬瓜树的影子随处可见，而且许多村名、地名均以水冬瓜树冠名，像冬瓜林村、冬瓜林寨等。在哈尼山寨旁一个名叫界排的地方，水冬瓜树古老又高大，当地有一句谚语："冬瓜木不盖房，棠梨木不立柱。"百姓从不敢动它们一根毫毛，每逢佳节，还会隆重祭拜，以表达崇敬与感激之情。

在红河南岸的山区，尼泊尔桤木还被列为生态造林的首选树种，在元阳县，当地人培育了大面积的水冬瓜树幼苗，用于退耕还林和荒山造林。村民在其林里还会种植一些草果（*Amomum tsao-ko*）、

板蓝根（马蓝*Strobilanthes cusia*）等经济作物，以此带来了稳定的收入。

与其他树种比起来，水冬瓜树确实不够出众，甚至可以说有点丑陋。它灰色的树皮总是遭到"颜控"们的嫌弃，可就是这样一种其貌不扬的桤木，身上却有着独特又迷人的闪光点。俗话说：十年树木，百年树人。树木的生长速度有快有慢，慢的可能一年也长不了10cm，但是有些树木可以在几年之内就长成一棵成树。一棵马尾松长成需要15—20年，杉树需要20—25年，桂花树也需要15年以上。对于以种植树木为生计的人来说，树木的生长速度是个难题。但如果选择种植尼泊尔桤木，这个难题就能迎刃而解，因为速生是它的第一大优点。在哈尼山乡，我们常常可以看到，在滑坡或挖沟修路后的新土上，就会长出淡绿色的水冬瓜树，没过多久便迅速成长为一片小树林，只要人们不去毁坏它，它就会在几年里长成大树，既能护田固地，还能产水供养梯田。

尼泊尔桤木的第二大优点是根系发达。根瘤固氮能力特强，每100株中龄桤木的固氮肥力相当于30千克硫酸铵肥效，对于改良土壤环境发挥着重要作用，是天然优良固氮树种的首选。

这里向大家简单解释一下"固氮"。在种植农作物后，农作物会从土壤中吸收大量的营养物质，只吸收不输出自然会造成土壤中大量氮素的流失。缺少氮素的土壤会使正常植株褪去绿色，个头变小甚至作物产量下降，所以固氮在农业生产上的应用十分重要。虽然随着科技的发展，如今氮素化肥种类五花八门，固氮早已不是什么关键技术，但是对于哈尼梯田这样一个天然的稻种种质资源库来说，若只依赖氮素化肥获得增产，这实际上是以消耗能源和污染环境为代价的，违背了自然生态规律。

除了前面提到的两个优点，尼泊尔桤木的叶子还是羊饲料的来

茶树和尼泊尔桤木构成的混农林系统

源之一；木材容易加工，切面光滑，是较好的家具、农具、建筑或装修用材；枝条可以当作薪柴；树皮含单宁可提炼栲胶，还可作为天然染料……简直集万千优点于一身嘛！

2010年，红河哈尼稻作梯田系统被联合国粮农组织列为首批全球重要农业文化遗产保护试点；2013年入选首批中国重要农业文化遗产，2013年6月被批准列入联合国教科文组织《世界遗产名录》。申遗的成功让这里的旅游价值逐渐显现，日益增多的游客给原本安静的西南边区带来了喧嚣和繁华。然而大多数游客仅仅停留在观景和拍照层面，对哈尼梯田中文化的体验和了解并不深入，我们希望通过本篇的介绍，能够让更多观光者了解文化与自然巧妙结合背后的故事，用心体验"森林—水系—村寨—梯田"良性循环复合生态系统，知道有一种名叫水冬瓜的树种为万顷梯田送来长流不息的清泉。

想靠植物驱蚊？跳蚤草告诉你：是真的！

如果票选全世界人民最想消灭的生物，蚊子与蟑螂绝对能一争高下。昨晚，明明已经关好了每一扇窗，但不知从哪儿飞来一只蚊子，对我进行了一场蓄谋已久的"暗杀"。我一直在想，在漫长的进化过程中，许多生物遭受灭顶之灾，为什么蚊子却能繁衍不息、家族兴旺，存活上亿年呢？

自古以来，人类就没搞定过尊贵的蚊子君。白居易曾说："斯物颇微细，中人初甚轻。如有肤受谮，久则疮痏成。"欧阳修本想睡个懒觉，被蚊子烦得不行，于是便有"官闲懒所便，惟睡宜偏足。难堪尔类多，枕席厌缘扑"。如果蚊子"作案"以后单单只是让人痛痒也罢了，它还是世界上具有重大威胁的病毒携带者，能传播多种疾病。有科学家进行过调查，每年死于鲨鱼之口的约10人，被鳄鱼咬死的约1000人，被毒蛇毒死的约5万人，而每年死在蚊子"手中"的人竟然高达70余万，如患疟疾、黄热病、登革热、乙型脑炎等。

难道我们真的就消灭不了蚊子？从生态学家的角度看，目前的回答是肯定的。3500多种蚊子的足迹遍布世界各地，它们在多种生态系统中扮演着重要角色，有的成年蚊子可以帮助植物传粉，依靠花蜜来给自身提供能量；有的因为蚊子幼虫的存在，使原生动物多样性更加丰富。若是蚊子真的彻底消失，岂不是断了蜘蛛、蜥蜴和

青蛙的口粮？所以，想要消灭蚊子确实存在一定的困难，那么我们只好另辟蹊径——防御。物理防蚊和化学防蚊的典型代表有蚊帐和蚊香。但蚊帐不能随身随带，蚊香又因是化学制剂让人存疑，于是，健康安全的驱蚊植物的研究方兴未艾。

目前，市面上新兴的驱蚊植物主要有香叶天竺葵（*Pelargonium graveolens*）、夜来香（*Telosma cordata*）、清香木（*Pistacia weinmanniifolia*），还有人们长期习惯用艾蒿（*Artemisia argyi*）驱蚊。通过对驱蚊植物进行研究，人们发现这些植物体内的一些物质，例如香叶醇、香茅醇、柠檬醛等，确实有防蚊的效果，但是，想依靠植物彻底驱蚊，还只是人们的一厢情愿罢了。

那么，植物防蚊到底靠不靠谱？

在滇南偯（ài）尼（哈尼族的一个支系）人的旱稻地中，有一种叫"老索堵"的神秘小草，世世代代的防蚊驱蚊可全靠它了。

在当地语言中，"老索堵"意为"具有香味的草"。其茎、叶、花序具有特殊的香气。如果揉搓叶子，香气还可以散发得更加浓烈。这种香气不仅清香怡人，还具有驱赶蚊子和跳蚤等害虫的作用，又名"跳蚤草"。在20世纪80年代初，我国民族植物学的奠基人裴盛基教授在进行僾尼人刀耕火种轮歇地的田野调查时发现，小姑娘的头上都佩戴着几根这种小草，于是便询问佩戴何物。一个小姑娘笑着回答说："为了蚊子不叮，虫子不咬呗！"在这片土地上工作了近20年的裴老师，对这里的一草一木再熟悉不过了，可这种小草他竟然不了解。凭借着专业的敏锐性，在征得轮歇地主人的同意后，他采集了4份标本带回了实验室，通过测量、解剖、对比等一系列植物分类学鉴定程序，最终确认了该小草为玄参科毛麝香属的勐腊毛麝香（*Adenosma buchneroides*）。

为了弄懂僾尼人为何选择跳蚤草驱蚊，裴盛基教授及其团队对它的化学成分进行了研究，发现这种植物在开花时节，植株中挥发油（精油）的含量最丰富，其芳香物质是酚类和萜类等挥发性物质，主要成分是 γ-松油烯、香芹酚、对-聚伞花素、α-松油烯、香芹酚甲醚和柠檬烯等，这些物质都有防、杀昆虫和杀真菌的作用。在人手蚊笼实验（蚊子喂养和驱蚊活性评价）中，跳蚤草精油的效果明显优于香茅精油，并具有外用的安全性。

那么，如此好的东西，大家为什么在市面上没看到呢？原来，勐腊毛麝香为一年生草本，每年4月下旬至6月上旬播种，9月开花结果，10—11月果实成熟，生育期210—240天，仅在越南有野生分布；我国西双版纳勐腊县和老挝北部的阿卡人（与僾尼人同支）居住的村寨有少量栽培，分布地极为狭窄。另外，在勐腊县，僾尼人只采用刀耕火种的方式对其进行栽种，或与旱稻间种，产量很低。随着近年来现代种植农业的迅速发展，橡胶、香蕉、甘蔗和茶叶等经济作物的种植园崛起，山地农业和土地利用的原有面貌正在改变。

勐腊毛麝香，又名"跳蚤草"

作为伴随着传统的农耕生活方式——刀耕火种而生，又伴随着其消失而消失的跳蚤草已经逐渐失去了其赖以生存的"生态位"。

那么，跳蚤草不会真的"跳"走了吧?

作为一年生直立草本，种子是其重要的繁殖器官。要想实现勐腊毛麝香精油的工业化提取和加工，以及驱蚊产品的开发，关键就是解决种子的科学化种植问题。据了解，目前研究人员已经找到勐腊毛麝香种子适宜的栽种地及最佳播种时间，解锁了其种子萌发机制的生命密码。云南省林业和草原科学院、中国科学院西双版纳热带植物园、中国科学院昆明植物研究所等单位的科研人员也正在开展示范跳蚤草和相关融资管理模式研究的工作。想必，跳蚤草再"跳"回我们的生活中已经指日可待了。

那就让我们一起期待有那么一天，拜拜花露水，拜拜电蚊香，拜拜蚊子嘞!

第四章
世外桃源独龙江，太古之民独龙族

翻越高黎贡山徒步进入独龙江，沿途路过亚热带阔叶林、高原湿地、高山草甸，逐木而行，被外人称为"秘境"的独龙江乡就离我们不远了。

独龙江乡隶属于云南省怒江傈僳族自治州贡山独龙族怒族自治县，作为云南省人口最少的民族，4000多名独龙族人世代聚居于此。中华人民共和国成立前，他们饥寒交迫，远离现代生活，原木茅草搭建的房子、独龙毯、文面女、溜索桥，以及冰雪融退而出现的草木丛生和飞鸟鱼虫都是曾经神秘而又独特的文化印记。而如今，跨入新时代的独龙江乡，生态和谐、民生幸福，短短几十年，独龙族同胞从原始社会末期"直过"到整族迈向小康社会，创造了一个人口较少民族时代变迁的奇迹，彻底告别了千百年辛酸生存的历史。奇迹般巨变的

民族植物学家李恒教授（1929.3—2023.1）在进行野外考察

龙春林教授与
李恒教授合影

　　背后，正是党和国家的无限关怀和社会各界的真情帮扶，其中就有
一位"独龙女侠"为解密独龙植物多样性做出了卓越贡献。

　　她就是李恒，是龙春林老师攻读硕士时的三位导师之一，也是
我们的师奶奶。在我心里，她不单单是一位德高望重的植物学家，
更是一位勇毅坚强的侠客，享有"独龙江女侠"的威名。20世纪
90年代，几乎与世隔绝的独龙江地区仍十分落后，独龙族同胞陷入
穷困潦倒之中，村民住草房、走驿道、攀藤桥，生存条件异常艰苦。
出入独龙江的山路如同蜈蚣一般贴在陡峭的崖壁上，一不小心踏空
就可能跌入山谷丧命。但也因其神秘和独特的自然条件，独龙江一
直为中外植物学家所向往。

　　1990年10月，赶在大雪封山之前，61岁的师奶奶和其他三位考
察队员开启了为期8个月的独龙江植物越冬考察。此前虽有人进过
独龙江采集标本，但都在旱季，独龙江到底有多少植物名录，一直
是植物界的空白。在那段日子里，师奶奶白天采摘植物标本，晚上

登记植物信息、查阅文献，在第230个日夜奔波之后，她整理出了独龙江第一份完整的植物名录——共计42000余份标本，并首次提出了"掸邦—马来亚板块位移对独龙江植物区系的生物效应"学说。这项考察成果最终获得了中国科学院自然科学一等奖，也由此奠定了她的学术地位。

为了彻底揭开独龙江的植物学之谜，73岁时，她再次出发，10年间，组织美国、澳大利亚、德国、英国以及国内专家对高黎贡山生物多样性进行了18次科学考察，经鉴定确认高黎贡山共有种子植物5133种（包括变种），其中383种为特有物种。2020年底由她主编的《高黎贡山植物资源与区系地理》已经正式面世，这是她和她的同事们近30年来野外调查及室内标本鉴定的集成之作，字里行间体现了她和团队研究者"坐得住冷板凳、耐得住寂寞"的科学精神。

"择一事而终一生"，60多年来，李恒老师把岁月年华刻在边陲高山之上，将毕生心血融入纷繁茂盛的植物里，她的可贵精神值得我们学习，她的高尚风范将永刻在我们心中。

独龙竹子的历史与当下

　　竹，清华其外，淡泊其中，清雅脱俗，不作媚世之态，这是大家普遍喜爱竹子的原因。但当你走进独龙江地区，发现到处都是竹子做的篱笆墙，摆满院子的各式竹编，香气扑鼻而来的竹筒酒，还有那随风飘荡的竹风铃，这时你会感到如果仅仅把竹文化局限于竹子的气节，未免有点狭隘了。

独龙江地区人工
种植的竹林

　　以前独龙江地区一直处于封闭状态，群山起伏、沟壑纵横、环境恶劣、交通险恶。每年的12月至翌年6月，因大雪封山阻断了与外界的联系，这里成为全国最偏僻和闭塞的地区。直到2014年4月10日，高黎贡山独龙江公路隧道贯通，标志着独龙江乡从此告别大雪封山、出山攀"天梯"的历史；2016年，怒江傈僳族自治州完成溜索改桥工程，"溜索"这一古老的交通方式被封存于历史记忆之中。从贫穷奔向小康，独龙族迎来了发展的新纪元。曾经人们在衣食住行等方面都离不开的竹子似乎正在慢慢淡出人们的视野。

　　独龙江地区地处云南省西北部怒江傈僳族自治州最北部的贡山县，北连东喜马拉雅南翼地区，西与缅甸东北部相邻，处于高黎贡山和担当力卡山两个南北走向巨大高山的峡谷地带，是在世界竹类植物地理上颇具特色的地区。这里有金竹（*Phyllostachys sulphurea*）、福贡龙竹（*Dendrocalamus fugongensis*）、缅甸方竹（*Chimonobambusa armata*）等竹类植物27种，竹类植物资源非常丰富。

独龙族竹编

独龙族女孩从十三四岁起，就在母亲的指导下学习织麻织布，在她们日常生活和礼尚往来中，独龙毯是最为重要的物品，也是独龙族的文化符号之一。在编织独龙毯的过程中，当地百姓创造了竹类植物的利用方式，发现了许多竹子的小秘密。独龙族的纺织工具十分简单，包括竹、木筒、木片等在内的共9件纺织工具和织布经线，但推线、夹线、绕线、分线、缠线所用的竹子完全不同，比如：推线要选择大个的、用起来省力的竹子，常用的就是福贡龙

独龙族村庄随处可见的竹篱笆

新出的竹叶

竹；夹线则选择实心且相对其他实心杆较粗的皱壳箭竹（*Fargesia plenicalmis*）；针麻竹则由于节间细长（最长可达1.2米），没有竹节的阻碍，适用于绕线；分线使用的则是斜倚箭竹（*Fargesia declivis*），由于其节间长，有的妇女会在斜倚箭竹中放上几粒石子，织布时伴有嘀嗒的响声，缓解织布时的枯燥乏味；缠线没有固定的竹子种类，龙元一带多数采用弩刀箭竹（*Fargesia praecipua*）。独龙族这种利用竹类植物的方式绝对算是独门秘方。

不仅如此，在20世纪90年代之前，金竹或者皱壳箭竹做的溜索，也是怒江大峡谷居民的主要交通工具，可以说是世界上最惊险的"桥"。他们利用峡谷两岸的大树和岩石作为固定支撑点，把竹篾缠绕成大概有3根擀面杖粗的溜绳，拧成一股固定在上面，再用一根牛毛绳绕臀悬挂在溜索上，中间放一块竹片压住绳子，借助山崖的高低落差溜到对岸。无论是出山、上学还是娶亲，面朝蓝天白云，跨过滔滔江水，独龙人靠着这独门绝技"行走"在怒江之中。虽然竹子做的溜索韧性不错，但长期经受风吹日晒也容易发生断裂，人们能安全往返就已经十分幸运了。

极端的交通条件限制了大家的出行，也阻碍了外界与村里的联系，独龙族的竹编工艺品的名气也就只局限于贡山县。小到一个龙竹竹筒、打茶桶、烟斗、扫把，大到背篓、竹盒、竹箱，这些由竹子制作或者竹篾编织而成的生活用品实实在在地解决了旧时独龙族人民的生活难题。像金竹、皱壳箭竹，还有弩刀箭竹都是比较常见的竹编材料，竹篾软且不容易伤手。熟练的竹编人用砍刀先把竹子劈成等大的条状，再按照井格式的走势一根一根编织在一起，没多久，结实耐磨的背篓就做好了。随着传统手工艺编织列入国家级非物质文化遗产名录，这项技艺开始逐渐走进大众视野，从以前只有男同胞会的竹藤编织到家里的女性也开始掌握这项技能，从单一、简单的花纹到多样、复杂的款式，一根根不起眼的竹藤在非物质文化的保护和发展中，在独龙族群众勤劳的双手中编织着幸福和美好的蓝图。

现在，越来越多的游客来到独龙江，一边欣赏独龙江景区的壮阔，一边感受当地的饮食文化与风土人情。以酸竹菜和竹筒酒为代表的独龙美食更是吸引了一大波美食爱好者前来打卡品尝。"居不可无竹、食不可无笋"，新鲜的竹笋历来是山珍美味的必选食材，但并不是所有的竹笋都能拿来食用，像独龙江玉山竹（*Yushania farcticaulis*）的竹笋味道苦涩、难以下咽，就不适合用作食材，其余种类的竹笋虽然也能吃，但味道与缅甸方竹的竹笋相比略显逊色。初夏之际，是采挖新鲜竹笋的最佳季节，独龙人将采好的鲜笋洗净后剁碎，舂打至绵软，密封在竹筒里，再用芭蕉叶封口，静置在细小泉溪处淋滴数天后，待到发酵变酸，取出晾干，与开水煮沸，一碗消暑解渴的酸竹汤就做好了。最好选在农历腊月到这里来，你可以赶上独龙族一年一度最盛大的节日——卡雀哇（也有说卡秋哇）

节，在山歌中对饮竹筒酒，感受热烈的节日氛围。

　　竹子对于独龙族来说，是旧时文化和精神的代表缩影，没有竹文化浸润的独龙族就如同一个没有思想和内涵的人，光鲜亮丽的外表下只有空洞的灵魂。在当代中国城镇化浪潮中，整个社会发生着深刻而复杂的历史变革，乡村振兴与新型城镇化彼此间有着共同且不可缺少的要素，这就是传统文化的传承。如同独龙族的文化离不开竹类物种多样性的滋养，在乡村振兴战略下，社会各界需要与独龙族群众共同努力，一起追寻和记录他们与竹子之间的故事，及时有效地为乡村文化注入新的内容和时代精神，带动民族民间特色产品的不断延伸，持续传承着竹子与独龙族同胞点点滴滴的回忆……

保护中华蜜蜂的独龙智慧

　　花，让世界变得色彩斑斓。开花植物，又叫被子植物，目前地球上有40余万种被子植物，但被子植物的身世始终是植物学领域最大的谜题之一。1998年，美国《科学》杂志封面文章《追索最早的花——中国东北侏罗纪被子植物：古果》引起广泛关注，"世界最古老的花在中国"成为人们热议的话题。与此同时，在同一地区同一地层也发现了迄今为止最早的蜜蜂化石。这一重大发现破解了白垩纪时期大量出现被子植物的谜题，植物与蜜蜂同期起源、协同进化：蜜蜂通过采访植物花朵，获取生存必需的花蜜和花粉；植物通过蜜蜂传粉，实现基因转移，促进了植物的多样性。因此蜜蜂总科的昆虫，在其漫长的演化历史长河中，与大自然互为依靠，构成了自然生态系统内的重要组成部分。

左：朱槿

右：蝴蝶兰

我国是一个蜜蜂种类多样、养蜂历史悠久、蜜源植物丰富的国家。有5种本土蜜蜂和1种外来蜜蜂，其中产蜜的蜂种主要有两种，一种是中华蜜蜂，它是本土的野生蜜蜂并且部分由养蜂人饲养；另一种是引进的西方蜜蜂（意蜂），它在中国被广泛饲养，几乎遍及全国，其蜂产品在我国市场占据主导地位。非专业人士也许不知道，尽管我们现在吃的蜂蜜和百年前看上去没啥差别，但采蜜者——蜜蜂的种类已经悄然发生变化：引入中国百余年的西方蜜蜂，正在逐渐替代已有7000余万年进化史的中华蜜蜂。人们不清楚西方蜜蜂的入侵和大量的繁殖对于我们的生活能产生多大的影响，但如果放眼整个自然界，这种破坏是巨大且不可逆的。中国农业科学院蜜蜂研究所杨冠煌研究员曾说："中蜂的减少破坏了我国固有的生态体系，尽管中蜂和西蜂的生态位有所重叠，但它们在个体特性上仍有很大的差异。"西蜂工蜂的嗅觉灵敏度较低，不易发现分散、零星开花的草本和低灌木植物，而且西蜂偏向于采集单一品种的花蜜，这样自然会影响植物授粉，造成山林中植物种类的减少，比如由植物种类众多的杂木林向植物单调的松杉林转化，导致昆虫种类减少，进而鸟类减少，引发虫灾；而中华蜜蜂采集的是百花蜜，在低温（3℃—7℃）环境下也能外出采集，授粉的广度和深度超过西蜂，尤其是在山高林密、野花和杂花很多的地方，中蜂具有绝对优势。因此近些年来，科研工作者和环境保护者们一直致力于拯救中蜂的行动，就如何解决本土蜜蜂的保护、养蜂业可持续发展、协调环境保护和经济发展之间的矛盾等问题开展了深入研究，并在独龙族传统养蜂中发现了一些新的思路。

　　放养蜜蜂是独龙族的重要产业之一。2019—2020年，我们团队3次进入独龙族唯一聚居地——贡山独龙族怒族自治县独龙江乡开展民族生物学考察，访问了独龙江乡6个村（迪政当村、龙元村、献九当村、孔当村、巴坡村和马库村）的42位养蜂人，对独龙族传统养蜂中使用的植物及相关传统知识进行了调查。

传统的独龙族养蜂方式一般分为活树养蜂和木桶养蜂。现在活树养蜂比较少见，当地人也不提倡这种方式，主要原因是活树养蜂需要在一棵活的树上挖出一个洞来做蜂巢，这种方式显然与植物保护背道而驰，如果这棵树本身就有这样的洞而非人为蓄意破坏，这当然再好不过，但这种情况极其少见，在独龙江上游的云南松和尼泊尔桤木（水冬瓜）的树干上也许能够遇到。

所以最常见的养蜂方式还要数他们自创的"木桶养蜂"。通过调查统计发现，在整个养蜂过程中，他们用到的植物共有38种，其中乔木30种、竹子5种、草本2种和藤本1种。这些植物应用广泛：

左：活树养蜂

右：木桶养蜂

制作蜂桶、建造棚子、驱赶蜂群、固定蜂桶和棚子、吸引蜂群等。整体操作分为制作、预处理、放置三个步骤。

首先，乔木一般用来制作蜂桶，常用的树木还有尼泊尔桤木、云南松、青冈树、核桃树、漆树、香椿和香樟等，以尼泊尔桤木、云南松和核桃树为最多。制作蜂桶的方式有两种：一种是把圆柱形的树桩上下两端打通；另外一种是在侧面挖一个长方形的口。以尽量不破坏现有树木为原则，随时发现、捡回森林中的枯木，或者去河里捞出不用的木头，避免破坏森林的同时又节省了加工时间。竹子和白茅草都是用来搭建蜂桶棚子的原材料，能够防止蜂巢被雨水淋湿而受潮，保持蜂蜜的品质；一些韧性比较好的缅甸方竹、皱壳箭竹、弩刀箭竹常用来固定蜂巢。

制作蜂桶的两种方式：一种是把圆柱形的树桩上下两端打通（3、4）；另外一种是在侧面挖一个长方形的口（1、2）

其次，搭建好蜂桶后，就进入预处理环节。把养蜂场所处理干净，将提前采摘好的白茅扔进去用火烘烤，驱赶并杀死里面的昆虫，再用和洞口大小相适应的"门"封住即可。制作门的时候要注意留有2—3厘米的空隙，方便蜜蜂自由进出。最后，就是放置阶段，独龙族会有意识地将蜂桶放置在鹅掌柴属、栲属和蓼属植物这些冬口也开花的植物周围，在冬季缺少蜜源的情况下，合理地利用植物的自然属性。

从木桶养蜂的整个制作环节中，我们能够看出，人们通过养蜂能够增加收入，这极大地激励了当地百姓继续采用传统方式放养中华蜜蜂的积极性，有效促进了对中华蜜蜂的保护。

木桶养蜂的放养环境

2021年，《生物多样性公约》缔约方大会第十五次会议（COP15）在昆明举办。为宣介我国生物多样性保护成效，提供中国方案，贡献中国智慧，独龙族这项传统养蜂技术入选了生态环境部生物多样性保护重大工程案例。这将进一步激励当地百姓采用传统方式放养中华蜜蜂的积极性，带动独龙族土蜂蜜的销量，有效促进对中华蜜蜂的保护。

种一棵董棕多有意义

刚刚煮好的
西米露

丛生鱼尾葵的叶子

董棕（*Caryota obtusa*），听起来有些陌生，其实女孩子们对它一点也不陌生。"你爱不爱吃夏日里的杨枝甘露？你爱不爱吃杨枝甘露里的西米露？不能光埋头吃，还得知道这西米到底是怎么做的，这才是合格的'吃货达人'。"这是我们第一次看到董棕时，老师对我们的灵魂考问。对于这个"董"姓的乔木，我一下子就记住了它！

很多朋友都说董棕和热带植物鱼尾葵叶片相似度极高，这是由于它们两个都隶属于棕榈科鱼尾葵属。与该属中的其他植物相比，董棕是分布在我国同属物种中最高大的一种，可以长到25米高，而且董棕的茎为灰褐色，表面不被白色的毡状绒毛，常会膨大成花瓶状或酒瓶状，羽状叶片排列整齐，舒展优美，遇上花期还会垂下很长的花穗，犹如柔顺的马尾。人工栽培的董棕在我国的广西、云南以及西藏东南部均有分布，华南和东南各省也偶有种植。但野生董棕的数量不容乐观，

高大的董棕

成了渐危种，已被列入国家二级重点保护野生植物。

辟谣"开花即死亡"

之前看过一篇文章写道："董棕开花往往预示着衰败和死亡，一朝迸发，然后死去，只为最后的绚烂……"人们对于董棕的垂爱为真，董棕开花即死亡实则为假。综观董棕的生活史，其生长到衰亡也不过四五十年，自然状况下生长的植株，身强体壮、高大魁梧，30—35年才能开花结果；人工引种栽培的植株，弱不禁风、个头矮小，15—20年开花结果。所以无论是野生还是人工状态下的董棕，恰逢开花结果之后便进入衰亡状态也属正常现象，不怪人们对它产生误解。那么在董棕的整个生殖阶段，它到底是如何开花结果的呢？这点倒是和人有些相似，人的身体强壮则可以延年益寿，同样"身体"越强壮的董棕开花结果次数越多，每次开花时间间隔为1年，持续开花结果直至死亡。现在想必那些目睹董棕开花就死亡的人，估计看到的是一棵"身体"抱恙的植株吧。

董棕的叶子

这是一棵正值"壮年"的董棕

独龙族的主粮

独龙江受孟加拉湾暖湿气流的影响，一年约有300天处于阴雨之中，年降水量在2932—4000毫米，为全国之最。这种常年多雨的自然条件对农作物具有极大的影响：不能按时施肥，关键时期营养不足，影响产量；阴雨天阻碍授粉，影响果实受精，根本无法挂果；雨水过多，还会造成涝害，最终影响植株的正常生长等。这样的自然条件加之特殊的地理环境对曾经长期处于封闭状态的独龙族群众来说可谓雪上加霜，尽管他们能够依靠捕鱼、采蜜、狩猎，以及两岸高山上的野菜、菌子来维持日常生活，但这些都不是他们度过饥荒的重要食物。这个时候，唯有董棕可委以重任，当地有这样的一个说法："一棵董棕树，抵过三头牛。"可见，董棕在那个年代的重要性。

董棕之所以能够在独龙族饮食中扮演着重要角色，与董棕树干中隐藏的秘密有关。众所周知，淀粉是我们日常生活能量的主要来源，是人类需求量最大的营养元素。淀粉吃到肚子里后，就会变成葡萄糖，进入血液中同吸入的氧气结合，产生热量，供给人体肌肉和其他器官的活动，保障人类正常生活，因而人类不能缺少淀粉，

左：冲泡董棕粉

右：董棕饼

对淀粉类的植物也十分依赖。董棕的秘密就在于它的树干髓心中藏着大量淀粉，一棵成年大树树干中的淀粉量可达数百乃至上千公斤。等到董棕成熟之时，树干中便积累了大量淀粉，这个时候就可以将其砍倒，取出髓部捣碎加水搅拌，滤除粗渣，放置沉淀晒干后，董棕粉便制成了。像吃藕粉一样，董棕粉可以用水调成糊状，也可以做成粑粑（饼），或蒸或烤，不仅美味、饱腹，还具有降血压、降血脂和养胃等功效。长期以来，董棕都是独龙族群众的主粮之一，随着野生资源的渐渐减少，独龙族人便将它移栽到自己的村寨附近，逐渐演变成独龙江地区的一种重要的栽培植物。

大象都爱吃董棕

不要以为只有我们人类才懂大千世界的美食，大象也是个懂美食的家伙。董棕的嫩茎味道鲜美，比茭白的味道还好，可谓野菜中的"山珍"，大象利用身高优势可以直接取食董棕的茎尖幼嫩部分，如果每天都有嫩茎可吃，大象简直过得太幸福了。然而这种幸福可能只是一种奢望，由于人类长期以来持续不断的开发，大象逐渐失去了赖以存续的空间和理想的食物来源而被迫逃离，因此最近几年人象冲突引发了社会各界的广泛关注。这是大象在生存环境遭到破坏之后，与人类争夺生存空间的行为。平衡生态环境与人类生存、生产、生活可持续发展之间的关系是一个永恒的命题，每一种生物的存在对于整个生物圈来讲都有重要意义。大象如同一面镜子，映照着人类在数千年的历史发展中，如何以牺牲环境来创造丰富的物质生活，又如何在屡次的教训中反思自身的行为。

读完这篇文章，你应该明白了种一棵董棕多有意义！

第五章
看得见山，读得懂水——纳西族

纳西族的祖先原本是生活在甘肃、青海一带的游牧民族，他们经四川南下进入丽江，与当地人融合形成纳西族。他们重文化、识礼仪、淳厚质朴，在数千年的发展过程中，形成了"人与自然是兄弟"的环境伦理观念。每当你走进一户纳西族人家的小院，首先映入眼帘的一定是天井四周葱郁生长的花木。这些纳西族的老人告诉

风光秀丽的玉龙纳西族自治县

我们，家庭的绿化比装修还要重要，只有善待自然，人类方可持续发展。

在生产生活中，他们非常注重对自然适度利用，认为过度的行为将会受到自然神灵"署"（山、水、林、石等自然界的一切）的惩罚，因此，每年春天举行祭"署"仪式，向"署"偿还使用自然资源的债务，祈愿风调雨顺，幸福安宁。在这一理念的影响下，丽江的生态环境得以有效保护，处于"三江并流"世界自然遗产

上山采药的
纳西族医生

核心腹地的丽江，成为长江上游的生态屏障和生物多样性宝库，同时也是滇西北生态文明建设的重要窗口。

鸡豆凉粉

　　为什么那么多人喜欢丽江？除了喜欢大研的繁华、束河的清幽、白沙的质朴、玉龙雪山的巍峨以及泸沽湖的婀娜多姿，当然还有无数的特色美食吊足人们的胃口，鸡豆凉粉的丝滑酸爽、油炸米灌肠的软糯香浓、丽江粑粑的金黄酥脆、腊排骨火锅的鲜美飘香、纳西烤鱼的外焦里嫩……来到这里，你就会深切明白为什么到了丽江的人都会慢下来。

　　美食的特别之处，在于恰逢时宜的味道。来北京你得吃烤鸭，在天津得尝尝狗不理包子，去重庆必须打卡火锅，而与丽江最般配的美食，非鸡豆凉粉莫属。这种风味小吃遍布丽江的街头巷尾，冬夏皆宜，乾隆时期便有食"黑豆腐"的记载。如今鸡豆凉粉的吃法更是多种多样，早上一份稀凉粉，中午一份拌凉粉，晚上一份煎凉粉，一天内的不同时段人们都可以品尝不同的凉粉，怪不

左：凉拌鸡豆凉粉
右：煎鸡豆凉粉

得丽江人半开玩笑地说，他们的胃有一半是留给鸡豆凉粉的，要是一天不吃凉粉，浑身不自在。

鸡豆

鸡豆凉粉中的鸡豆，学名叫兵豆（*Lens culinaris*），是豆科兵豆属的一年生草本植物，小叶倒卵形，开白色或蓝紫色的花。丽江人叫鸡豆这个名字很有意思，据说是因为它的颗粒很小，犹如鸡的眼睛，故取名为鸡豆。未加工鸡豆的颜色看起来与普通的黄豆相差无几，加工后的食物因其富含黑色素，就会变成我们见到的黑色。鸡豆富含D-甘露糖、唾液糖蛋白、β-谷甾醇（Ⅰ）、β-谷甾醇棕榈酸酯（Ⅱ）、胡萝卜素苷（Ⅲ）、棕榈酸（Ⅳ）等和多种氨基酸，以及植物凝集素，对治疗高血压、咽喉疼痛、乳腺炎、丹毒、腮腺炎、咳嗽等有较好的作用。除了供人食用，豆渣以及磨碎的鸡豆植株可作为饲料用来喂猪喂牛。

玉龙纳西族自治县白沙乡，平均海拔高达2500米，再加上土地多为沙地，土壤贫瘠，保水能力差，很多粮食作物根本无法生长。而恰恰这样的环境与耐寒耐旱的鸡豆一拍即合，将鸡豆同小麦、洋芋、玉米轮作，增强了土壤肥力，在白沙乡的这片贫瘠的土地上为老百姓带来了希望。每年的寒露是播种鸡豆的最佳季节，次年5月份开始收割，亩产量约200斤，种植鸡豆的农户到市场上还可以用鸡豆换其他粮食，这种以物换物的传统至今仍在延续。除了白沙乡种植鸡豆，玉龙县的其他乡镇，如鲁甸乡、塔城乡也有一些农户种

上：鸡豆开的花

下：鸡豆的果实

植，但品质比不上白沙乡，难以大规模推广种植。鸡豆的生长条件
如此苛刻还不够，其采收过程也并不容易，如此小颗粒的豆子从收
割到脱粒都只能靠人工来完成，费时费力，如果真是推广种植，人
工还需要一笔大的开支。

在丽江那几天，我们最喜欢去青龙桥纳西族李奶奶的小摊上买一份煎鸡豆凉粉。吃了几次就混了脸熟，我们便忍不住询问李奶奶这鸡豆是如何转化成为凉粉的。李奶奶还以为我们要学这门"独门绝技"，一脸担心地说："做鸡豆凉粉很辛苦的，白天要卖，晚上还要磨豆子煮粉，一天都睡不到几个小时。"她用筷子边说边把凉粉翻了个面。可能是那天丽江的天气冷到刺骨，我们围在锅炉旁，李奶奶打开了话匣子。她说，豆子要泡上一整天，泡软的同时清洗并除去杂质。第二天开始磨豆，过滤成浆，用大火熬至蓝色，并不停搅拌，依次加入磨豆浆时沉淀的淀粉，转小火慢慢熬煮至浓稠。"熬"是整个过程中最关键的环节，随着温度的升高蛋白质变性，汁水慢慢变灰变黑，此时凉粉汤开始变黏稠。过会儿放入准备好的容器里，等它自然冷却，鸡豆凉粉就做好了。无论冷着吃，还是热着吃，或是变着花样吃，就看个人口味了，因为每一种吃法，都出于人们对这块贫瘠土地上带来生命惊喜的热爱。

青刺的秘密

　　不同于"春华秋实"的普通植物生长规律，在海拔3200米的云南玉龙雪山和泸沽湖畔的深山峡谷中，生长着一种灵动的植物，它在凛冽的寒风之中绽开花蕾，阐释了"万物皆眠，唯我独醒"的非凡生命特征。在被喻为人类社会文字起源和发展的"活化石"东巴象形文字中，它的名字被永远镌刻。当地人因它的枝条、茎以及长满了的刺都是青色，就叫它"青刺"，纳西语称为"阿娜斯"。

　　青刺（*Prinsepia utilis*），又名扁核木、青刺果、青刺尖，是蔷

青刺

薇科扁核木属的一种落叶灌木，由5片白色花瓣组成顶生或腋生的总状花序，基部有类似梅花的短爪，有人也称它为梅花刺，主要分布在云南、四川、西藏和贵州等山坡、荒地、山谷或路旁等处。它的枝是刺，刺是枝，让人分不清哪儿是枝，哪儿是刺。

青刺果

当地百姓赋予尖刺凶狠的含义，青刺能将一切危险阻隔在外，能抵抗有形或无形的敌人。

每年四五月，青刺的青色果实陆续成熟，暗紫色的粉霜核果呈卵形或椭圆形倒挂在枝条上，状如小葡萄。颜色越深，果实的成熟度越好。成群结队的纳西族姑娘背挎篾篓，手执长弯钩，到茂密的青刺丛里采集青刺果，人美果香，自成风景。青藤上长满锋利的刺，令采摘变得艰难。像我们这样的生手，刚开始找不到窍门，手随时有被刺破的风险。采摘好的青刺果经过去皮、淘洗、晾晒、蒸制等工序后，在自制榨油机（木、石、竹三种材料做成）的工作下冷榨出极其珍贵的青刺果油，村民把它们储存在干净的瓶子里，重大节日的时候拿出使用。

风味野菜青刺尖

青刺尖是植株枝头上的嫩芽。青刺尖味苦，具有清热解毒、活血消炎、止痛消食、健胃等作用，采果实的时候姑娘们顺便把嫩芽掐进箩筐。青刺尖采集的时间比较短，过了节令想要再吃只能等到明年。为了留住美味，除了家常的炒、凉拌、泡茶等做法，最传统的还属风味独特、口感醇厚的青刺尖泡菜，制作过程与东北的腌酸菜有异曲同工之处，腌渍时间越久，色泽越晶莹剔透，味道越浓郁纯正。

功能多样的青刺果油

在缺衣少食的年代，当地百姓生病是没有条件看医生的，如果有嗓子发炎、咳嗽、胃痛、便秘等身体不适的状况，他们会饮用青刺果油。青刺果油可以起到很好的消炎、排毒作用。当小孩皮肤起湿疹时，洗完澡后涂抹全身，皮肤就会变好；大人平时也用来擦手涂脸，预防皮肤干燥皴裂；如果皮肤局部烧伤或烫伤，用青刺果油涂于患处还能防止伤口感染，加快皮肤组织的恢复。在气候干燥的高原，这种容易被人体吸收的天然油几乎成为每家每户必备的纯天然、无化学添加剂的养生好物。你若是在泸沽湖看到纳西族老婆婆拥有一头乌黑的秀发，不用过于惊讶，这并不是什么新鲜事，因为她们长期用蘸着青刺果油的梳子梳头。

神奇植物的解密

也不知道从何时起，人们早已习惯从周围的山上或者草里寻找青刺，把它当作"百病之药"。在五月初五端午节，人们将青刺果油涂抹全身或是喝上一小杯，以祈求每时每刻健康顺利。

事实上，这样的做法蕴含着一定的科学道理。现代科学研究表明，青刺果有抗菌消炎、抗氧化的能力。其果油富含多种人体必需的脂肪酸、脂溶性维生素和多种生物活性物质，不饱和脂肪酸含量高达70%以上，其组成与人体脂类非常接近，营养学家誉之为"可以吃的化妆品"和"人类补充必需脂肪酸的新来源"，长期食用能调节人体血脂，降低胆固醇。这就很好地解释了为何当地人喜欢吃很肥的猪膘肉，却极少有高血压、高血脂等心血管系统疾病，青刺果油是非常理想的绿色保健食品。

以往青刺一直都是野生状态，产量很少。即便现在一些地方开始建立资源圃，扩大种植，但青刺果的栽培囿于地域、气候等因素，种植规模还不是太理想。目前，青刺的种植仍旧集中在云南高寒山区。随着青刺栽培技术的发展，人们将攻克大规模种植的难关。

到云南游玩，你会发现很多以青刺果油为原料的护肤品牌。现在，我们能享受到青刺果带给我们的各类保健、护肤的产品，一是要感谢纳西族同胞的聪明才智，二是要感谢"阿娜斯"这棵吉祥树在西南大地上落地生根，拯救了荒山荒地。

老板，上一盘竹叶菜

当瑞雪消融，绿意初现，一场色彩纷呈的植物盛宴如约而至，令人忍不住想起《诗经》中的"采薇""采蘩""采荇菜""采彤管"，品味诗意，接受草木的滋养。可见，采野菜而食，源于上古。李时珍在《本草纲目》中记载，东风菜"宜肥肉作羹食，香气似马兰，味如酪"。自唐代始，因"菜"音同"财"，讨发财之吉，农历二月初二定为"挑菜节"，这一天百姓纷纷到郊外挖野菜，或到园中采摘野菜制作春盘，以应时节。而"二月二，龙抬头"这个说法，直到元代才开始盛行。虽然不知道从何时起，"挑菜节"消失得无影无踪了，但是很多地区吃野菜的习俗并没有随着"挑菜节"的消失而消失。在食不果腹的年代，各种野生菜蔬，是劳苦大众重要的生存食源，更是活下去的救命食物；而在追求食物多元化的今天，吃野菜显然成了追求健康有机的时尚标志。在云南，其盛行的野菜文化，便从清晨乡民们兜售自家的纯绿色山货开始，初次闯入菜市的外地客，绝对是刘姥姥进大观园，会被一路不断冒出的山珍奇货推着前进。

每年四月，在海拔3000多米的雪山峡谷间有一种植物在春风的召唤和雪水的灌溉下悄然发芽了，这是开春以来的第一道野菜。它因茎如竹节，叶像竹叶，被当地人称为竹叶菜。叫竹叶菜的植物有很多，如旋花科的空心菜（*Ipomoea aquatica*）和鸭跖草科的

竹节菜（*Commelina diffusa*）。

本篇的主角——竹叶菜自然也不是它的本名，真正的植物基源是天门冬科舞鹤草属高大鹿药（*Maianthemum atropurpureum*）和它的几个姐妹，仅分布于四川（西南部）和云南（西北部）及邻近地区海拔3000米以上的雪山之中，无论是傈僳族、独龙族、怒族、藏族，还是纳西族、白族、彝族、汉族，都视之为山珍美味。

竹叶菜生长速度极快，从萌芽到开花仅需一个月，每年四五月份最嫩，真正符合"时令"一词。刚从雪地采挖出来的竹叶菜其芽茎被一层层嫩叶片包裹着，高不过筷子，粗不过拇指，外表青翠欲滴，远看略微有点像芦笋，芯渐变成鹅黄至洁白。采好的竹叶菜要存放在通风透气的储物箱、袋、筐里，不能受挤压，一般需在两天之内快速运至市场销售，不然极易变质腐烂，十分娇气。

在当地所有的山茅野菜中，属竹叶菜的价格最高。餐馆里一盘炒竹叶菜的价格从18元到48元不等；每年4到6月是竹叶菜集中上市的季节，价格为每公斤12元到40元；到7月底时，竹叶菜可以卖到每公斤100元；将吃不完的竹叶菜晒干，再售出，价格每公斤可达360元或更高。我们开玩笑地说："吃草比吃肉还贵。"可想而知，竹叶菜在当地有多受欢迎。

竹叶菜的食用方法简单，清水煮沸后放入竹叶菜，稍煮起锅

后放入少量食盐。这样做出的竹叶菜汤色彩翠绿、味道清香，且最大限度保持了竹叶菜原有的味道和营养成分。我们通过现代科学技术手段发现，竹叶菜的营养价值很高，富含多种氨基酸，总氨基酸含量高达17.9%，必需氨基酸占总氨基酸（E/T）的比例达42.29%。根据联合国粮食及农业组织提出的优质蛋白质的理想模型E/T约为40%。竹叶菜的氨基酸组成完全符合该理想模型，可以提供人体所需的大部分氨基酸。天冬氨酸和谷氨酸使其味道鲜美，甘氨酸和丙氨酸使其回味甘甜，怪不得清煮便如此甘甜鲜美。

生活中，我们常吃的一些食物可以作为中药入药，有些常用的中药又是我们餐桌上常见的食物，如薄荷、山楂、莲子、山药、枸杞等，这些既是食品又是中药材的物质称为药食同源物质。我们在对竹叶菜进行化学成分分析的过程中发现，竹叶菜也可以作为药食同源的原料，在防治疾病、增强人体免疫力方面具有一定的功效。其主要化学成分是甾体皂苷、核苷和黄酮类化合物。其中甾体皂苷是一类具有较强防治心脑血管疾病、抗肿瘤、降血糖和免疫调节等作用的天然产物，具有抗真菌、抗炎活性和细胞毒性的生物活性；核苷和脱氧核苷类化合物参与DNA（脱氧核糖核酸）代谢过程，是组成DNA和RNA（核糖核酸）的成分，有抗肿瘤、抗病毒、基因治疗等多种生物活性；黄酮具有较强的清除自由基的能力，有抗菌、降压等作用。我国传统医药也认为竹叶菜具有退火、清热、解毒、降血压等功效。在民间，人们还将竹叶菜的根茎用于治疗割伤、瘀伤、肺病、风湿、月经不调等疾病。

如今，竹叶菜已经不局限于云南的餐桌上，一些南方的都市如上海、广州等地也能寻得它的身影，在众多名厨手中它更是脱胎换骨，成为席间佳肴，是云南野菜界名副其实的"大明星"。

话说到这个份上了，老板，还不先上盘竹叶菜？

用竹叶菜制作的菜肴

第六章
爱吃花的傣族儿女

　　一直觉得西双版纳这个地名很有异域风情，直到去了西双版纳才知道："西双"即十二，"版纳"意为一个提供封建赋税的行政单位，连起来的西双版纳系傣语，直译为"十二千田"。每年三月，这里万物复苏、草木葱茏。木棉花、白花、石榴花等竞相开放，漫山遍野，美不胜收。在这里，你除了能饱览美景，还能体验吃花盛宴。

傣族村寨的佛寺

春天吃花宴是傣族的传统习俗，花宴不只是一桌简单的席面，经过多年的传承发展，每一道佳肴浸润的都是傣族人民对美好生活的向往和生活智慧的总结。凉拌攀枝花、白花煮豆米、烩石榴花、凉拌菜花……一餐十几道菜，每道菜的食材都以鲜花为主，光是看着就垂涎三尺了。

具有傣族特色的房屋——竹楼

上：木蝴蝶
下：吃花宴——清洗后的食材木蝴蝶

一起守护石梓花

　　四月的西双版纳正值闷热的季节交替之际，傣族群众迎来了新年——泼水节。就像北方过年一定要吃饺子的传统习俗那样，傣族家家户户都要吃一种由石梓花和糯米粉做的吉庆粑粑。这是一道经典甜食：刚刚出锅的鲜花、糯米、芭蕉叶三者的清香巧妙融合在一起，口感绵软，但又有嚼劲；冷了之后香甜可口，唇齿留香。傣族群众叫它"毫糯索"。其中"糯索"是傣语对云南石梓花的称呼。西双版纳傣族群众十分喜爱这种叫云南石梓的树，因为是用汉字音

猜猜哪个是"毫糯索"？

译出来的，名字听起来有点奇怪。据说很多年以前西双版纳的罗梭江畔生长着云南石梓，每到花开的季节，江面上就漂满了金黄的花，花香四溢，当地人就给这条江取名叫糯索江，后来才慢慢叫成了罗梭江。

上：云南石梓花
下：云南石梓枝叶

云南石梓（*Gmelina arborea*）是马鞭草科石梓属的落叶乔木，在马鞭草科家族里它是个大高个，确实并不多见。它灰棕色的树干笔直挺拔，闻起来有股酸味，所以又叫酸树，主要分布于云南西双版纳、普洱、临沧、德宏等地区，常见于海拔1500米以下的路边、村舍及疏林中，花冠黄色，花萼钟状，花期花量大，较为显眼。

很多年前，我们专门对石梓花进行了化学成分分析，发现石梓花中的某些化合物对大肠杆菌等病菌有较好的抑制作用。这个发现很好地解释了为什么即便在炎热的夏天，加入石梓花的烤糯索可以放置几天不变质。尤其是在没有冰箱的时代，用云南石梓做的木甑子蒸饭，储存几天也不会变味。一朵小花竟能防菌、抑菌，确实不容小觑。接着，我们进一步对其进行了药理活性分析，发现石梓花中有13种化合物都对肝脏有保护作用。如果大家去西双版纳旅行，游览过西双版纳热带植物园之后，可以在附近的勐仑镇夜摊尝一下这种传统小吃，来一场护肝的康养夜宵。

鸡蛋花

　　泼水节当天，水一样的傣族姑娘，是节日之外的另一番美丽光景。你可以说她们美在腰身，婀娜多姿，灼灼其华，或是美在服饰，色彩艳丽，端庄优雅，但我觉得她们美在发髻，各有千秋，千娇百媚。在傣语里，花朵是女子的象征，每当在喜庆的节日里，爱美的姑娘们都会精心打扮一番，常常以自己喜爱的花朵来点缀，有鸡蛋花、缅桂花、姜花、兰花、三角梅、夜来香、石梓花等多种热带花朵，或鲜粉，或灿黄，或洁白，在头饰上以插花、别簪作饰，灿如春华，皎如秋月。

　　目前，云南石梓的野生种群数量稀少，已被列为国家二级保护植物。仅仅食花、用花自然不会造成云南石梓的濒危，它之所以被人类痛下杀手，源于其优质的木材。云南石梓的木材结构细而均匀，材质轻软，边材白色，芯材奶白色，干燥后不易变形，不翘不裂，具有耐磨损、抗腐蚀、防虫等优点，在制作家具、室内装饰，以及造船业、建筑业、军工业等方面有广泛用途。傣族的佛寺内的神像、神龛多用这种木材雕刻而成。普通木材雕制的佛像因长期受人供奉，加之自然侵蚀、氧化风化等作用，表面易失去光泽、木质变轻、老化虫蛀、有霉味，大多难以长久保存，而傣族佛寺内的神像有些距今已有数百年的历史，仍保存完好，实属难得。

很多人认为，只要扛把铁锹、带个袋子，上山一趟是个"无本钱生意"，背后巨大的经济利益不断诱使逐利者铤而走险。据统计，全世界平均每天有75个物种灭绝，很多物种还没来得及被科学家描述和命名就已经消失了。而开展珍稀濒危植物保护工作，科研工作者踏出的每一步都是荆棘丛生。在云南省德宏州盈江县铜壁关自然保护区珍稀濒危特有植物人工繁育基地里，云南石梓在工作人员的共同努力下得到了有效保护。可这背后却是一条与自然环境博弈的艰难道路：迷路、摔伤、被蚂蟥咬是家常便饭；种子迟迟不发芽、试验方法面临反复纠正、幼苗长出没几天就夭折……科学家们"啃烂"了一本又一本资料，为保护这片绿水青山，他们远离繁华都市，坚守着热爱和梦想……

2013年12月20日，联合国大会第68届会议决定将每年的3月3日设立为"世界野生动植物日"。天地与我并生，而万物与我为一。云南石梓只是众多濒危植物的一员，更多的动植物需要你我来关注、保护。和谐共生，是万物欣欣向荣的阳光；和谐共生，才能让人类通向康庄大道。

"黑心树"真的黑心吗?

中国古代寓言里有一则《望天树和铁刀木》的故事：云南的热带雨林是望天树和铁刀木生长的热土。望天树极高，远远望去像一个傲然屹立的巨人，你若是抬头看它，帽子准会掉落到地上。而铁刀木在望天树面前，却矮小不起眼。望天树用枝条抚摸着云彩，嘲笑铁刀木："可怜的铁刀木啊，你只配到小人国里去生活。"铁刀木不卑不亢地说："你是比我高得多，可是我的生命力比你强。""什么?！"望天树怒视着它，气得大声喊叫起来，"天大的笑话！我这么高这么壮，生命力难道还比不过你这个矮子？"可生活并不像人们所希望的那样，天天有和风，天天有阳光，平静而舒适。突然在一个阴霾的日子里，林中闯进一群凶残的家伙，他们毫不留情地向望天树和铁刀木砍了下去，只留下两个矮矮的树墩守护丛林。几天后，奇迹出现了，只见铁刀木的树墩上抽出了许多新的枝条，向上伸展，碧绿碧绿的，而望天树的树墩，一天比一天枯朽，上面长满了霉菌。从此，在这片

望天树

— 90 —

铁刀木

林子里，人们再也见不到望天树的高大身影了，矮小的铁刀木却充满着活力。有人说，这是寓言故事，有夸张、想象的成分，怎么会有这样的树呢？可你若是走进千年古树林立的热带雨林，置身在绿草鲜花环绕的傣家村寨，你就会相信真的有这样一种树的存在，充满着活力。

不过，在这里，人们并不叫它铁刀木（*Senna siamea*），而是叫它黑心树。

传说中，黑心肠的领主做尽了坏事，死后为了赎罪，便化身成了这种有着黑色芯材（木材的中心部分）的树，从此千人砍万人斫，砍下来的树干用来烧柴，剩下的树桩也很快长出了新枝，如此代代相传下去。这听起来并不美妙，有多大的仇恨要如此报复呢？事实上，我认为黑心树的由来是因为它的芯材呈黑色而边材呈白色。刚采伐过的黑心树，留下来的树桩

铁刀木的叶

上左：铁刀木的枝叶
上右：铁刀木
下左：铁刀木的树干
下右：铁刀木的花

就像被人用墨水涂过一样，中央总是黑油油的，与白色的边材相衬托，它就显得"心黑"。但是铁刀木的黑色芯材既耐腐蚀又抗虫，即使埋入地下或在露天日晒雨淋，也不易腐朽、不被虫蛀，用来建造房屋或者制作家具都是极好的材料。

如果说"黑心树"这个名字有点难听，那么"挨刀树"的称呼却不得不让人怜香惜玉。

铁刀木原产地在泰国，泰国人民只食其花，并不用作柴烧。所以没有人知道这种植物为何会离家千里来到西双版纳，成为一个任人砍伐的薪柴树种。关于铁刀木，文献上记载较多的大致是：由边民在贸易、串亲访友的过程中引入西双版纳栽培，至今已有四百多年的历史。我猜也许几百年前南下的一批人先看中的是其花朵可食的功能，这与云南人爱吃花的习惯一拍即合，至于用作薪柴大概是在世代变迁和发展中，人们与自然相处中形成的生存智慧。

与其他柴火相比，铁刀木热能高、火力旺，燃烧时不爆出火花，很适合在傣族竹木结构的房子里用。而且取材方便，村里家家都种铁刀木，铁刀木就生长在房前屋后或者庭院里，就算远一点的，也在山地的边缘。管理这片薪炭林，傣族群众也有自己独特的办法，他们采用轮伐制，即把薪炭林化为几片，每年只采收一片。砍伐后，保留下来的铁刀木树桩再生萌发能力很强，很快就能长出更多的新树枝。如果第一年砍第一片，次年砍第二片，第三年再砍第三片，到了第四年，就可以回到第一片去采伐薪柴了。每家种上几十株铁刀木，就可以如此周而复始，轮流砍伐，保证全家人的烧柴。由于铁刀木砍了又发，发了又砍，饱受刀伤，树形变得十分古怪，刚到西双版纳的人感到很纳闷，也很新奇，于是给铁刀木取了个绰号，叫"挨刀树"。所以，铁刀木不仅不"心黑"，而且像蜡烛一样燃烧自己、照亮别人，具有崇高的美德。它更是傣族人民以自然之道，养自然之生的生动体现。

铁力木，一种会生长的"钢铁"

最近，一部名为《隐秘而伟大》的谍战剧在网络上盛行，看到共产党人坚如磐石的信仰和英勇无畏的英雄气概，我不禁联想到植物里面也有这样一个由"特殊材料"制成，"骨头"十分坚硬，有着"刀枪不入"本领的树木，它就是藤黄科铁力木属植物铁力木（*Mesua ferrea*）。在拉丁语中，ferrea一词为硬如钢铁的意思。铁力木与我们上一篇的铁刀木仅一字之差，且"刀"字与"力"字颇为相近，因此这两种看似有着千丝万缕关系的牵连树种，多多少少会让大家混淆，但当你目睹它们的真身以后，便知道它们的区别可大着呢！

铁力木的新叶

成年的铁力木一般都能长到30多米高，自然群落分布在云南南部、西部、西南部，广东信宜和广西藤县、容县等地。铁力木的花是白色的，每到春夏交替之时，美丽的白色花开放在塔形树

冠上，异常醒目，迎着微风，远远地就能闻到从花瓣、花丝、花药中飘出来的浓浓甜香。

在大家的印象中，木头虽然很密实，但是肯定经不起刀砍斧剁。不过，铁力木的坚硬度绝对能够颠覆你的认知：如果用锯子锯它，锯子会冒出火花来；若用刀斧去砍它，同样无济于事，刀刃反而不再锋利，甚至会卷曲起来。如果我们把它与经常用到的杉木做比较，杉木的硬度是0.12千克/平方厘米，而铁力木的硬度竟高达2.03千克/平方厘米。铁力木绝对算是很硬气的木材。

作为优质的硬木，从明代开始，在紫檀、海南黄花梨流行之前，铁力木就已经被加工成大件家具。其纹理清晰，结构均匀细致，切削面光滑呈紫红色，以厚重、拙朴的风格独树一帜。但是，因铁力木难以雕刻，无论是旧时流传下来的老家具，还是现在生产的新家具，铁力木材质的家具在市面上并不多见。铁力木的木材十分珍贵，野生状态和人工栽培下的数量都极其稀少。在20世纪70年代，铁力木售价便可达到每吨3000元，国际市场上甚至论斤出售。尤其在铁

铁力木的树冠

力木被列为国家一级名贵树种后，国家明确禁止一切非法砍伐活动，以致铁力木的价格再一次被市场抬升，甚至出现了无货上市的情况。

尽管铁力木在家具市场上的影响不是很大，但在建筑行业，它却赚足了"脸面"。西双版纳地区地处热带，盛产竹材，傣族群众就地取材，用竹子建造起竹楼，掩映在郁郁葱葱的凤尾竹林间，依山傍水，鳞次栉比。不过这些竹楼并不都是竹子做的，傣族群众更愿意选择坚硬而又耐腐的铁力木制作竹楼底部。铁力木入土部分几十年都不会腐烂，坚实可靠。许多大型建筑如宗庙、祠堂、园林、亭院等常用它作为木梁柱、大门板等材料，虽历经百年，仍坚实如故。当年建盖人民大会堂时，专家团队就曾到孟定选伐了部分铁力木。

说起孟定这个地方，它因铁力木而著名，享有"中国铁力木之乡"的美誉。早在200多年前，当地人就在这里种下了一片铁力木

杉树

清代"喜上枝头"铁力木雕花板（广西民族博物馆供图）

林，并称之为"埋甘英喀"。这仿佛是一个古老的约定，让他们相信这片森林能够守护这一方土地，民间也一直流传着：即使天荒地老，待到世界末日，"埋甘英喀"也将长存不朽。而在20世纪50年代，这种平静突然被打破。那时候橡胶是我国稀缺的战略储备资源，抗美援朝战争爆发后，美国等西方国家对中国实行封锁禁运，作为军需物资的天然橡胶严重匮乏，当务之急就是要建立属于我们自己的天然橡胶基地。后来随着橡胶大面积植胶成功，橡胶产业带来的经济效益十分明显，在云南乃至全国很多地方都掀起了种植橡胶的浪潮。孟定四方井的大片铁力木林也难逃厄运，被大肆砍伐。由于铁力木刀斧难入，当时一些人竟用炸药炸倒树木，致使这片天然铁力木林被毁。加之后来人们生态观念落后又过度采伐，铁力木林残存活树极少。后来随着国家对濒危植物和珍贵树种的重视和保护力度的加大，孟定四方井的这片铁力木林被当地划为重点保护区域。目前，在当地政府、科研工作者以及村民的共同努力下，这片小面积的铁力木林中，树龄达到200年以上的铁力木已有300余株。

毁树容易种树难。人类与生态环境是一荣俱荣、一损俱损的命运共同体。虽然铁力木的种群得到了有效的保护，但是还未达到曾经的数量和面积，仍然需要我们付出更多的时间和精力去关注、呵护。我们也一直期待着铁力木将来能够在我们的生活、生产、生态等方面创造出更多的价值，绽放出更加耀眼的光芒！

第七章
"蝴蝶妈妈"护佑苗族

传说蝴蝶是苗族的祖先,这个说法在各支系苗族的服饰上表现得尤为明显:无论是神秘莫测的黑苗、热情洋溢的花苗,还是淳朴好客的长角苗等,他们所穿的服饰中都少不了一个元素——蝴蝶。在历史发展过程中,苗族经历了无数次的战乱与迁徙,苗族先民早

苗族新娘和她的
娘家军

在周代末期就开始南迁，唐宋以后，经过元、明和清初数百次大迁徙后，形成今日苗族的分布格局——主要集中在贵州东部和湖南西南部以及云南、广西、四川、海南等地的偏远山区。而这与绚丽多彩、自由洒脱的美丽精灵蝴蝶又有何关系呢？要知道，在过去战乱频仍、经常迁徙的年代，要保持自己民族血脉的留存就必须要有足够的人口，于是蝴蝶这种具有旺盛的繁殖能力的生物就被苗族同胞赋予了象征意义，蝴蝶被视为崇拜的对象。苗族同胞希冀族群如同蝴蝶一般，多子多孙，人丁兴旺。于是，蝴蝶在苗族地区有"蝴蝶妈妈"之称。

三穗竹编——让民间工艺走出苗岭山寨

  编织工艺由来已久，一直可以追溯到人类文明之初。人类开始定居生活后，便从事简单的农业和畜牧业生产，为了储存多余的食物以备不时之需，人类就地取材，使用各种石斧、石刀等工具砍下植物的枝条编成篮、筐等器皿。在实践中，人们发现竹子干脆利落，开裂性强，富有弹性和韧性，而且能编易织，坚固耐用。于是，各种各样的农用竹编工具、家用竹编工具便成为过去生产力较低时期人们的主要器皿工具。唐代白居易《放鱼》诗中写道："晓日提竹篮，家僮买春蔬。青青芹蕨下，叠卧双白鱼。"从诗人的笔下便能得知以竹编织的日用器具和农具在古时的普遍应用，贯穿了漫长的"无塑料时代"。

  我们在独龙族的篇章中专门谈过竹文化，也提到了独龙族的传统竹编技艺。这里介绍的是三穗苗族的传统竹编工艺，其竹子的种类、竹编的特点均与前者不同。

  三穗县隶属于黔东南苗族侗族自治州，因"秋收丰稔，一禾三穗"而得名，享有"中国民间竹编文化艺术之乡"的美

枝条编成的篮子、簸箕

誉。此地自古盛产竹子，竹类丰富，有楠竹（*Phyllostachys edulis*）、水竹（*Phyllostachys heteroclada*）、白竹（*Fargesia semicoriacea*）、篌竹（*Phyllostachys nidularia*）等充沛优良的竹类资源。当地百姓因材制宜，根据不同竹材的不同特性，编织出与其特性相适应的竹编产品。三穗的竹编工艺可追溯到明末清初，他们编织的斗笠、竹篮、箩筐、背篼、筛子等生产生活用具，款式新颖、工艺精湛、实用大方，远销东南亚、法国、美国等地。瓦寨斗笠作为三穗竹编文化的杰出代表，1974年在广交会上引起外商兴致，自此走出国门、走向世界。三穗斗笠还被作为"国礼"赠送给尼克松总统、里根总统。故有人言，"中国竹编在三穗，细篾斗笠在瓦寨"。

我们在当地开展民族植物学调查时发现，每位艺人编制竹器所用材料都比较讲究，用于竹编的竹子种类多样，尤以品相和韧性最好的水竹最为普遍。斗笠精巧，要选指头大小的水竹制作；凉席柔软，用篾较宽，必用白酒杯口粗的水竹编织；晒席平坦，用篾要宽而平，故选用枝干较大、质地坚硬的楠竹；箩筐口子滚圆，必用绵竹（*Lingnania intermedia*）绲边；米箩篾细且硬，得选用白竹或金竹；撮箕要硬实，选硬度好的斑竹（*Phyllostachys bambusoides*）来编织。各类器物的用途不同，选用的竹材也就不一样。

竹编已成为当地百姓生活的一部分

黑白交织编织是三穗竹编工艺的一大特色，很多地区并没有掌握这一技术。有些地区的黑色竹篾是由墨汁染色而成，这类染色最长时间能持续2—3年，如若遇水会导致黑色部分脱色造成竹编制品整体的污染，影响产品的美观，以致没办法继续使用。当然，还有一部

我们在向村民讨教
竹编工艺

分地区采用的是化工原料染色，虽说解决了褪色的问题，却有一定
的污染和伤害性，不符合竹编绿色、健康、环保的宗旨。三穗竹编
不仅没有违背竹编器具的本质，还继续发扬、传承了竹编制品的优
质性：他们用化香树（ *Platycarya strobilacea* ）的树皮、叶子与竹篾
放在沸水中煮12个小时，然后将竹篾埋在土里长达48个小时固定颜
色，颜色黝黑透亮，就算竹器全部坏掉也不会脱色。有些竹编者也
用茜草（ *Rubia cordifolia* ），通过蒸煮泡制的方法将其染成红色，效
果也很不错。

　　竹编的历史发展说明，竹编工艺必须紧随时代，才能呈现其顽
强的生命力。我们在市场上兜转一圈，发现传统的竹编工艺已有转
型发展的趋势。三穗竹编手工艺品随着创新的不断深入，其产品编
织精细程度、样式等在近两年都有很大的突破，如女士竹编手提包、
防烫杯托、收纳盒、精致有趣的摆件等。曾经传统的农用产品正在
悄然转化为极具审美情趣和收藏价值的手工艺品：过去的簸箕，摇

身变成了果盘；曾经的鱼篓，变成了可爱的花瓶；最让我们直呼不可思议的是，在当地的一家竹编商店里，我们发现了用竹编编织的二维码！本以为只是个摆设，没想到顾客可以直接通过手机扫码进入网店，果然，创新使竹编更有韵味和生命力。

化香树

　　竹编作为三穗人民引以为傲的传统手工技艺，经历代传承人不断推陈出新，用事实证明了"竹篮打水不一定空"的道理。从富民一方的实用技艺升华为一张亮丽的文化名片，这背后的工匠精神和当地人民的聪明才智是不言而喻的。

岜沙苗族的"我即树，树即我"

　　"岜"，在字典里读作bā。在贵州省从江县，有一群人被称为岜沙苗族，若问bā沙在哪儿，别人可能会听不懂，若是问biā沙在哪儿，他们就会指向距离县城约7千米的由5个自然寨组成的岜沙村。岜（biā），在苗语中意为草木繁多。岜沙的名字总是与"净土""神秘""原始""原生态"之类的词语形影相随，听起来仿佛与现代文明格格不入。之前看过一段对岜沙苗族的介绍：在地球某个角落，生活在丛林中的一群人，他们用独特的习俗演绎着对苍天的虔诚，对

岜沙苗寨是从江县首批开发的旅游景区之一，也是贵州省重点保护民族村寨

祖先的眷念，对生命的理解。他们是大树的民族，至今仍信仰着"人树同体"；他们过着很多人所向往的世外桃源生活，享受着一份恬淡与宁静。

柳江畔的山坡上，一排排依山而建的干栏式吊脚楼，随地起伏，步入岜沙，双目所及尽是参天大树，林荫密布，满坡苍翠，如同进入原始森林。据说自从苗族先人定居岜沙后，日子宁静、安详。他们认为一切的安康顺利都得益于森林的庇佑。男子头顶蓄留的发髻代表着生长的树木，身披的青衣代表树木的外皮。他们像敬奉祖先一样敬奉树木，像爱护生命一样爱护树木。

植物崇拜中的树崇拜是较为常见的一种，也是早期人类所信奉的原始崇拜习俗之一，代表着我们祖先对于世界的认知和与自然相处的方式。在中国的神话中，神树是联系天地的"天梯"之一。《淮南子》云："建木在都广，众帝所自上下，日中无景，呼而无响，盖天地之中也。"先祖认为这种叫"建木"的神树，位于天地的中心

岜沙苗族有树神崇拜的习俗

点，因而成为通达天地的主要枢纽；在古人心目中，树木成了离人们生活最近的神灵。还有部分民族的树崇拜基于树是长生的代表，有道之人居树上得长生，凡人则可以祭拜树而得长生。

岜沙苗族的树神崇拜除了祈求、祭拜，还有树葬文化。"生时种一棵树，死后种一棵树"，一个人的一生一直有棵树伴他成长，并在成长过程中时时对树进行监护，保证其苗壮生长。待人去世后，这树便被砍倒制成简易棺材，人们在此树原址掘出一个坑，放入棺材，泥土填平后再重新植上一棵树。从此以后，当地人认为死者灵魂便已附着于这棵树，这便是"我即树，树即我"的原初哲学。

每逢过年过节，祭祀古树、神树是他们的传统。从江盛产香樟树（*Cinnamomum camphora*），岜沙苗族同胞把香樟树看成万能的神，他们又称其为"生命树"或"消灾树"等，以作神树来崇拜。

香樟树的枝叶

樟树在我国古代的草木文化中涉及的篇幅并不多，究其原因，可能是樟树作为南方的深山乔木，其生长的地域长久以来不是政治和文化中心，不像北方常见的槐树和松柏，多被文人墨客所垂青。直到唐宋以后，北方的政治文化中心逐渐南移，这种南方几乎随处可见的樟树才逐渐登上村社"神树"的舞台。香樟四季常青，广布于中国长江以南地区，相传，嫦娥耐不住月宫的寂寞，于是与玉兔偷偷地溜到凡间，来到青山绿水之间嬉戏，一不小心，嫦娥的香囊掉在了溪水边，一只山鹰嗅到香囊的香气，便叼走了香囊，山鹰在河畔上方飞过，香气也弥漫在此，从此，河岸边就长出了许许多多的香树，人们便称之为香樟树。后因其生命力顽强，南方地区的人们便把渴求生命无限延续的希望寄托于香樟树，寓意避邪、长寿、吉祥如意。鲁迅原名周

香樟树

苗寨举行盛大的
歌舞演出

樟寿，就是取樟树长生久寿之意。

　　1976年修建毛主席纪念堂，全国各族人民都踊跃投工献料。岜沙村民为表达对毛主席的感激之情，敬献了村里一棵直径一米多的千年古樟树作为棺木的备用木材，并在树坑处建造了一座八角纪念亭——敬献毛主席纪念堂香樟纪念亭，现已成了岜沙人民的光荣标志和村寨符号之一。

　　离开岜沙村寨的那天，我们顺着山势行走在岜沙人家幽深的巷道，草木葱茏，古意盎然。树木掩映下的吊脚楼错落着，时隐时现，村中青色的石板路纵横交错，时而从苗家木楼中传来优美动听的苗歌笙笛，远古神秘的民族文化韵味迎面而来。与大山为伍，与树木为友，在这里，我感受到了从未有过的安宁与祥和。

"咳速停"里的吉祥草

"爷爷，那是什么？"

"这可都是宝贝，我们苗家世世代代全靠它治咳嗽。"

身穿苗族服装的白发老人摸着胡须和孙女讲着神奇草药……这段对话、这个画面是不是有点似曾相识？

润肺止咳的"咳速停"，即贵州百灵药业的咳速停糖浆（胶囊）也算是一代人的专有回忆。之前看广告的时候并没有注意到老人手中拿的鲜草到底是什么，直到真正在贵州开展野外调查时才了解到，

吉祥草

— 110 —

咳速停糖浆（胶囊）中的主要原料就是一棵小草，它的名字很好记，寓意也不错，叫吉祥草（*Reineckia carnea*）。

吉祥草又名玉带草、瑞草、观音草、松寿兰，是

整株吉祥草

天门冬科吉祥草属多年生常绿草本植物，在我国的西南、华中、华南等地区均有分布。在印度，吉祥草被看成是神圣之草，是宗教仪式中不可缺少之物。有人说释迦牟尼在菩提树下成道时，敷此草而坐，代表着幸运与吉利。

吉祥草自然繁衍能力强，喜在半阴处不太郁闭的树丛下生长，根系发达，生长强健，覆盖地面迅速，叶丛稠密浅绿，色浅且亮，叶形似兰而柔短，四时青绿而不凋。秋末冬初开紫红色花，清香宜人，有"花不易开，开则主喜"之说，一旦开花，民间寓意喜庆降临。果呈鲜红色，球形，万绿丛中一点红，让人赏心悦目，绿化效果极好，是人气颇高的装饰花卉。也许你与它不经意的第一次谋面就在某个马路边或是小区的院子里。

吉祥草作为我国苗族地区常见的传统草药之一，民间以全草入药，用于治疗肺结核咳嗽、哮喘、慢性支气管炎、风湿性关节炎以及咯血等。吉祥草一名最早见于《本草拾遗》，谓其："……味甘温，无毒。"《本草纲目》云："叶如漳兰，四时青翠，夏开紫花成穗，易繁，亦名吉祥草……"

现代药理研究表明，吉祥草主要含有甾体皂苷、皂苷元、黄酮类、挥发油等化学成分，有溶血、祛痰、抗炎、降糖、抗肿瘤等作用，其中皂苷类成分是其主治功能的重要物质基础，已被广泛开发

应用，现常用于治疗慢性阻塞性肺疾病、药物性肝炎、急慢性支气管炎、宫颈癌、直肠癌、肝癌、肺癌等疾病。

"黔地无闲草，夜郎多灵药"，苗族医药起源于旧石器时代的母系氏族社会，距今已有数万年的历史。清代吴其濬《植物名实图考》中记载："白芨根，苗妇取以浣衣……"据统计，贵州苗药资源包括植物药、动物药还有矿物药，约有4000种，其中植物药占据50%，常用药材约有400种，与中草药来源一样同属天然药物资源范围。如别具特色的吉祥草、米槁（*Cinnamomum migao*）、艾纳香（*Blumea balsamifera*）、仙桃草（*Veronica peregrina*）、旱莲草（*Eclipta prostrata*）、活血丹（*Glechoma longituba*）、大丁草（*Gerbera anandria*）、重楼（*Paris polyphylla*）等。

左：活血丹
右：艾纳香

调查显示，截至2017年底，以苗药为代表的贵州民族医药产值超过423.51亿元，为全国销售额最大的民族药。在中华民族药圈，苗药早已声名大噪。但目前疗效确切的苗药仍然无法取得进入国际市场的资格，其根本原因就是苗药成分复杂、现代药理证据不足以及制剂质控稳定性差等。因此，贵州苗药要想进入评价体系不一样的国际市场，需要我们应用现代科技去研究它、诠释它，揭示它的

治病原理。我们不仅要让中华民族医药的瑰宝讲"现代话"，还要为它插上现代科技的翅膀，加快现代药理学研究进程，推动民族医药的蓬勃发展，让那个曾经在没有西医的时代，在疫病流行时期治病救人的民族医药在国际舞台绽放异彩。

左：在贵州凯里药材市场进行调研
右：贵州凯里药材市场新址

第八章
"诗的家乡　歌的海洋"——侗族

　　走进侗族寨子，这里的建筑几乎都是由木材构成。双脚踏着历经岁月洗礼的阶梯，两旁的木质房屋无声地诉说着往事，让人仿佛穿越到了另一个时空。刚来到贵州省铜仁市江口县寨沙侗寨门口，侗族姑娘的歌声就飘起来了，一排桌子"拦"在大门口，一溜瓷碗摆在桌子上，几名身穿侗族服饰、佩戴银光闪闪项圈的姑娘边唱边往碗里倒入米酒，浅酌细品，老少皆宜，回味甘甜，唇齿留香，这香甜便来源于山间田野中颗粒饱满的谷穗……

调研团队在寨沙侗寨
考察时，受到热情的
侗族同胞的欢迎

农家品种——香禾糯

在北方，糯米又被称为"江米"。每年的五月初五端午节，除了手缠五彩绳，用糯米包粽子更是节日里不可缺少的别样风景。虽说当下南北甜粽咸粽之争愈演愈烈，但无论如何，糯米才是响当当的原料主角。据古籍资料记载，甲骨文中出现的"秫"，被认为是糯稻最早的称呼，形容它是"黏性稻"的意思。《礼记》中"秫稻必齐"的"秫"多指黏高粱。直到晋时吕忱所著的《字林》，"糯"这个字才真正出现，其曰："糯，黏稻也。"

糯稻，作为水稻进化过程中的一个独特的变种，以质黏区别于粳、籼两个品种。糯稻的这种黏性，或者糯性，在于它的淀粉几乎为支链淀粉，相较于其他的米类，吃起来更温润，少了糙米的粗糙口感，也不如黄米那般黏腻。在贵州东南一隅，那里的香禾糯不仅可以做成飘香一方的糯米饭，还能酿就醉倒万千游客的糯米酒。建议大家每年九、十月份去一次侗寨，赶着糯禾飘香，去围观那挂满黄灿灿糯禾的高低错落的吊脚楼群，目睹侗族人民摘禾、晾禾，将会是一场别样的体验之旅。

加了腊肠的糯米饭

黄灿灿的糯禾

　　香禾糯的历史至今已绵延数千年，这是当地侗族、苗族等少数民族群众千百年来利用本地特殊水土资源和气候环境栽培选育并传承至今的一种特色水稻品系。它长于山谷，越是阴冷、贫瘠，它越是顽强生长。历史上，黎平、榕江、从江、雷山、丹寨、施秉、锦屏等地的侗族山寨糯禾种植最为普遍，由于自然条件的局限，村民创造了稻—鱼—鸭共生的复合生态模式。当春江水暖时节，香禾糯秧苗插进了稻田，在下谷种后的半个月左右放鱼花（刚刚孵化的鱼苗），待到鱼苗长到两三指，再把鸭苗放入稻田。如此一来，稻田为鱼和鸭的生长提供了生存环境和丰富的饲料；鱼和鸭的存在又改善了土壤的养分、结构和通气条件。一田多用，在同一生产过程中既生产了植物蛋白，又生产了动物蛋白。糯稻吃肥少，品质高，是实实在在的有机食品。

　　在稻田鱼鸭复合系统中，其实还有另外一种生物发挥了重要作用：当地村民在栽培糯稻、管理水田、饲养鱼鸭的过程中，并不清理水面上的浮萍（*Lemna aequinoctialis*），而是有意识地把它们保留在稻

田中，作为鱼和鸭的免费饲料，据称还有肥田的效果。这个做法确实与我们之前对待浮萍的方式不太一样。我老家的门前就有一条河，我们叫它玉龙河。一到夏天，原本清亮的河面，大量的浮萍漂至水面后就变成绿色的"草原"，不仅影响美观，还时常飘来阵阵腐臭味。加之天气炎热，它的繁殖速度加快，若不及时打捞清除，其他水生生物便会因水体缺氧最终死亡。然而，在侗族传统稻田生态系统中，浮萍的存在恰好能够完全覆盖稻田水的表面，降低水分的蒸发，减少稻田系统对水量的需求。最重要的是，浮萍与稻田的微生物可以相互交流、相互作用、促进彼此生长。浮萍能吸收稻田水中因用自来水灌溉带来的过量氮和磷，又能净化稻田水质，避免出现水华现象，从而维持着良性稻田生态系统的平衡。这个新的发现，揭示了传统稻田系统中浮萍及其微生物的生态学意义和发展前景，也反映了当地侗族、苗族等少数民族同胞的生存智慧。也许在不远的某一天，稻田鱼鸭复合系统将被改写为"稻萍鱼鸭复合系统"，大家拭目以待吧。

糯禾发展至今，经历了不少"绝望时刻"。从清雍正年间至中华人民共和国成立初期，为了提高产量，贵州侗族地区经历了三次大型的"糯改籼"运动。大种籼米，导致当地培育了上千年的众多

木桶蒸糯米饭

糯稻品种几近消失。目前黎平、从江和榕江县侗族地区培植的香禾糯品种约为100种，比20世纪80年代初调查到的363个品种减少了72.5%。即使在黄岗、高仟等香禾糯种植传统保持相对较好的侗族村寨，其种植面积和品种数量也减少了一半以上，而且这种减少趋势越来越明显。除了偶然的遗传突变原因，如果不是侗族同胞对糯禾种植的坚持，对生活的追求，以及对精神家园的坚守，恐怕糯禾早就灭绝了。

"当一个事物有助于保护生物共同体的和谐、稳定和美丽的时候，它就是正确的；当它走向反面时，就是错误的。""生态伦理之父"利奥波德说的这段话，放在这里再合适不过了。如今，随着稻—鱼—鸭共作的古老生态体系被列入全球重要农业文化遗产名录，糯稻——侗族这一宝贵的农作物品种资源终于得到了传承和保护，在重峦叠嶂的贵州侗寨山区，在潺潺的溪水之畔，它正焕发着勃勃生机。

侗族群众折禾

美酒中的植物秘密

　　酒文化在各族人民的生活中可谓无处不在。自从杜康酿酒开始，酒不仅是一种日常饮品，更是一种精神象征。据统计，杜甫的1400多首诗文中，谈到饮酒的约有300首；李白的千余首诗文中，谈到饮酒的约有170首；后世所存的5万多首唐诗中，直接咏酒的诗就逾6000首，还有更多的诗歌，都间接与酒有关。

　　可以这样说，酒，贯穿了人类社会文明的全过程，成为文化与文明的一种特殊标志，并且在长期的社会发展中，中国各少数民族也形成了独特的酿酒、饮酒、酒俗、酒歌、酒礼等一系列光辉灿烂的酒文化。就如独龙族喜爱竹筒酒、藏族偏爱青稞酒、蒙古族热爱牛奶酒、彝族只爱苦荞酒……千里不同风，百里不同俗，造成了他们饮酒方式的多样性。而侗族作为中华大家庭的一员，其酿酒的历史可谓源远流长，在其社会活动当中，同样也创造出了具有本民族特色的酒文化。

　　在杨权编写的《侗族民间文学史》中，有一首歌叫《酒药之源》，它讲述了侗族祖先是如何发现酒曲以及酿酒的简单过程。其歌词大意为："藤蔓延伸，藤蔓在路旁任意延伸。藤蔓延伸把路挡，断掉一根流浆水……拿到村寨制成酒药散给众乡亲……造了酒药置臼内，放进碓窝三天看，三天之后香味溢。"这里描写的某种藤蔓算是侗族人民使用酒曲植物的先例，一缸好的糯米酒先从好的酒曲开始。

侗族的酒文化

事实上我们祖先对酒曲植物的利用历史悠久，北魏《齐民要术》、宋代《北山酒经》等均有记载。只不过自20世纪30年代开始，大部分地区已经不再使用酒曲植物生产小曲，一方面是因为传统方法制作出来的酒曲产量过低，并且质量不够稳定；另一方面是制作传统酒曲的原料现在已经非常难寻，有些甚至已经消失不见，只有南方部分少数民族如侗族、苗族等仍坚持在酒曲中添加野生植

调研团队在进行关于
酒曲植物的田野调查

左上：毛花猕猴桃的叶
左下：毛花猕猴桃的花
右：毛花猕猴桃的果实

物，少则1种，多则上百种。

　　在黔东南侗族村寨中被用作酒曲的植物有60多种，其酿造工艺与其他地区小曲酒的酿造工艺基本一致，采用长时低温双边发酵（边糖化边发酵）和土法蒸馏技术，将毛花猕猴桃（*Actinidia eriantha*）的小枝条、鱼腥草（*Houttuynia cordata*）的根茎、杉树的叶子等单独或者多种植物配伍制作酒曲，最终酿出来的土酒口感柔和、香醇无比。有一些植物学背景的人们未免有些担心，毛花猕猴桃属于国家二级重点保护野生植物，侗族群众这样的做法是否对当地的生物多样性产生威胁？其实，如果没有大批量野生植物采购者肆意破坏的话，从采集时间、使用部位、用量等方面来看，侗族群众对它的利用是可持续性的。再者，他们居住的附近有10余种猕猴桃属植物，完全可以替代使用。

　　话题再回到酒曲植物，我之前看过《寻找最古老的酒曲植物》系列专题文章。这位作者认为，我们祖先"筛选"出来做酒曲的植物当属菊科植物最多。出于好奇，我们对侗族的酒曲植物的种类也

鱼腥草

进行了分析，结果确实与这位作者的观点一致。菊科花卉入酒应该是苗楚特色文化：进入农耕时代，谷物逐渐成为先民的主要食品，机缘巧合之下，他们发现将发霉、发芽的谷粒浸泡在水里竟能变出醉人香甜的美酒，他们开始思考是什么物质使粮食变成酒了呢？他们断定是放入酒中的"麹"在其中起了作用，后来便将使粮食变成酒的这种物质称作"曲"。

虽然先民们最初以这些菊科植物入酒只是为了增香，但这个行为对后来发现和利用这类植物来制曲，进而进一步发现并利用更为有效的酒曲植物来诱导谷物发酵，无疑提供了物质和工艺的前提与基础。与此同时，传统酒曲中添加的酒曲植物正是土酒甘洌、香醇，备受当地群众喜爱的真正原因。

侗族与杉木

　　燕子绕山寻杉种，飞过山坡万千重……得了杉种转回乡，拿去种在山崖旁。树根如大腿，树枝像水桶，树干像那大庞桶……

——侗族古歌《杉树之源》

　　建筑是一部凝固的历史。如果说碉楼是羌族生存智慧的缩影，布达拉宫是藏族生命创造的结晶，那么鼓楼便是侗族文明进化的投

夜晚的鼓楼

鼓楼近景

影。有楼就有鼓，有楼则置鼓，在我国的湘、黔、桂及其毗邻地区，高山密林之间，世代勤劳勇敢的侗族人民在这片土地上繁衍生息，谱写着悠久的历史文化，巍巍鼓楼则是横亘在这幅钟灵毓秀画卷上的底色。侗族有一句谚语："生住杉木楼房，死用杉木棺材葬。"从雄伟壮观的鼓楼、婀娜多姿的花桥、典雅美丽的戏台，到别具一格的寨门，鳞次栉比的民居、优雅别致的凉亭，都是由杉木所筑成。尤其是巧夺天工的鼓楼完全是用杉木制作的，全楼竟找不到一根铁钉。站在楼下仰望，可以看到大大小小的条木，横穿直套、纵横交错，结构异常严密。

远望鼓楼，仿佛一座神圣的宝塔高耸于村寨之中，密檐层层叠叠。在侗族群众心中，雄伟壮丽的鼓楼是杉木的化身。传说，古代的侗家人在大杉树下围坐议事，烤火时不慎烧了杉树，于是，人们仿照杉树的形象建起了鼓楼。直到现在，寨子的房屋被水冲或火毁，如果没有多余的财力先建鼓楼，必须先立一株杉木代替。

杉树（*Cunninghamia lanceolata*），常绿乔木。侗语称"梅夸"或"梅办"。汉语中"杉"是一个多音字，形容一类来自杉树的木材的时候，念shā，杉木；但如果用作物种名的话，则应读作shān，杉树。杉树的树干通直，枝条尖锐繁茂，锋利的针叶使人畏惧，轻易不敢触碰，有"千把刀"的名号。

追溯起杉树的栽培历史，竟有一千多年了，侗族先人学会了人

侗族地区常见的
杉树

杉树的枝条有锋利的
针叶

工培育种植杉树之后，伐杉与种杉完美衔接。他们了解杉木的秉性，不会将其局限在庭院里，更多的是让其自然生长。从园艺上讲，可能是与其他针叶树相比，杉树作为园林树种需要更多的修剪，毕竟在自然条件下枯黄的树叶能够在树上留存四五年之久，严重影响美观。但要是从经济价值上讲，只有成片的杉木林才能够为百姓带来更多的收益。

在贵州黎平一带，杉木外运的历史要从修建故宫时期算起，我们看到北京故宫那些巨大的梁柱，许多都是从贵州黎平采伐后，经沅水运到洞庭湖入长江，再经运河北上京城，其"皇木"的尊称，大概就来源于此。近两年，随着新型装饰材料的冲击和其他木材（如桉树）的推广，杉木的价格略微下降，趋于稳定。但就侗族地区而言，无论杉木的价格如何瞬息万变，当地人与杉木的情缘都是侗

侗寨周围被苍翠的
杉树环抱

生长速度极快的桉树

族精神文化中不可割舍的重要组成部分。

在侗族民间社会里，一直流行着种植"十八杉"的习俗。"十八杉"的意思就是拥有十八年树龄的杉树。相传，从前侗寨十分穷困，很多家庭靠卖女渡过难关，被卖到他乡的侗家姑娘们想念家乡时，便把思念化为一粒粒杉木籽，种植在房前屋后。后又逐渐演变为生子时也要种植杉树，以此寄托对孩子平安幸福的期盼。十八年内，该片杉林一般不准外人踏入，更不允许伐树毁林，家家如此。待十八年后，孩子长大成人，杉树才可砍伐加工或出售卖钱。古朴的"生态—生产"循环，使得"十八杉"人工林成为世代侗族百姓心灵依归的精神家园和文化延续的传承场所。现在很多地方面临生物多样性锐减的局面，根本原因其实是文化传统逐渐失去了维护生物多样性的功能，从根本上讲，二者是相互促进、互相制约的协同进化关系。现在我们看到的侗寨、侗乡内，排布着一幢幢灰色的杉树躯体；寨外，围绕的是一片片绿色的杉树海洋，这是侗族人民与杉树相互依存、互为整体的最佳表征。

"啊啊……呦嗨嗨……哎嗨哎咿呦"，一百多名侗族男女老少聚在鼓楼旁，唱起了《撒网歌》，没有任何伴奏，只有空灵的人声响彻山谷，回音阵阵。望向鼓楼这座侗寨特有的民俗建筑，它象征着民族的团结与和谐；望向杉树围绕的绿色海洋，它彰显着保护自然、敬畏自然的理念；望向勤劳朴实的侗族人民，他们秉持着靠山吃山，吃山养山的理念。原来，生生不息的不只是人，还有那无言的一座座建筑、一株株苍翠……

第九章
"三月三"唱山歌的壮族

全国五十六个民族，除了汉族，就属壮族的人口最多。壮族文化历史悠久，内涵丰富，种植水稻历史绵长，而且稻米制作方式多种多样，像八宝饭、八宝粥、竹筒饭、五色糯米饭等都深受人们的喜爱。

他们崇拜自然，在优美精致的壮族图案中，花草树木、行云流

靖西端午药市

水、鸟兽鱼虫，无所不有。透过这些图案纹样，我们可以洞察到壮族历史上所创造的各种文化。

他们拥有璀璨的壮族医学术，其起源和发展融合了壮族特有的民风民俗及地域特性，千百年来为壮族人民的繁衍生息做出了巨大贡献。目前，壮族医药在东南亚都有着广泛影响力，尤其在每年的端午药市上，大批的越南边民慕名而来，寻医问诊、交易药材、学习壮医。端午药市已成为推广民族文化，打开民族医药对外市场的重要平台。

探秘壮族"三月三"的五色糯米饭

广西人爱唱歌，每到农历三月初三，人们以歌会友、以歌传情，届时家家户户还会蒸上一锅香喷喷的五色糯米饭，表达风调雨顺和五谷丰登的美好期望。在我看来，"三月三"的五色糯米饭不仅仅是用来吃，更为重要的是它能够把壮族人民紧紧联结在一起，在这个特定的节日，做特定的食物，充分体现了壮族人民的族群认同感。自古以来，节日文化与节日消费就是一对孪生姐妹。民以食为天，尤其是在物资匮乏的年代，食物带给人们的那种身心快乐和充盈，是其他东西都无法替代的。于是，节日和食物经过一代又一代的传承，形成了一个民族的集体记忆，而集体记忆是族群认同的基本要素。

晨曦初露，各家的主妇便纷纷起床，把泡好的五色糯米放入蒸笼里用文火蒸煮；半巷犬吠，半街糯米香，孩子们迫不及待地要评

制作五色糯米饭的原料

将五色糯米饭放入
蒸屉

比出谁家的米饭颜色更美，口味更香。当地包五色糯米饭的习俗至今已有600多年的历史，据史料记载，壮族人民在社日（古时祭祀土神的日子，一般在立春、立秋后第五个戊日）制作五色糯米饭。随着各民族的融合，在广西，除了壮族食五色糯米饭，其他民族如仫佬族、侗族、毛南族、布依族等也深受这种美食的影响。

染色工艺是糯米饭的精髓，纯天然的时令植物将糯米染色，使其色泽艳丽，颗粒饱满，包裹着米的清香。五色糯米饭的颜色有红、黑、紫、黄、白，因糯米本身是白色，实际涉及的只有四种染色植物。大部分壮族地区使用的植物染料（色素）基本相同，个别地区因植物资源分布的差异而略有不同。

黑色是五色糯米饭中最难制作的颜色。其他颜色只需要几个小时的浸泡就可以上染，唯有枫叶水染的黑糯饭通常要耗时一天一夜。壮族群众和苗族群众一样都酷爱枫叶（枫香 *Liquidambar formosana*），他们认为枫叶可以除邪

枫香

驱鬼，给人带来吉祥和平安。做黑糯饭的时候，有的人家会在门口插上一枝精心挑选的枫叶，将制作黑糯饭的染料渣撒在屋子外围或者墙脚下，以求驱邪保平安。

制作黑糯饭的第一步，将采摘的鲜嫩枫树叶放在石臼里捣烂，或用粉碎机粉碎；晾开变深蓝后，加水浸泡至水变成淡黄色；第二天，过滤去渣，过滤出的枫水就是黑色染料液；然后把黑染料汁放入锅中用文火煮至五六十摄氏度，见水变蓝后，加入糯米浸泡约10个小时；最后将糯米放入蒸笼里蒸煮。据说以前的村民还会将砍枫叶用的柴刀和枫叶一起浸泡，用这样的水染出来的米饭颜色会更加乌黑亮泽，香味浓烈。当地人告诉我们，在这项传统染色技术里，水温掌控是关键，烧开的热水会破坏枫叶的黑色素，很难将糯米染成黑色，另外如果枫叶汁不够浓，染出来的糯米饭也不会变成黑色。

黄色糯米饭的染料来源比较多，像姜黄（*Curcuma longa*）的块茎、黄栀子（*Gardenia jasminoides*）的果实和密蒙花（*Buddleja officinalis*）的花都能用来染色。在《救命！逆转和预防致命疾病的科学饮食》这本书中，作者迈克尔·格雷格博士列了一份每日食物清单，其中在健康香料和香草清单中，第一名就是姜黄粉。

密蒙花（组图）

姜黄

姜黄，多数人不会陌生，很多人没见过其本来面目，但应该吃过。它是构成咖喱的主要色调和香味的来源之一，可能是因为它属于姜科，所以有一点姜的辛香味。剖开姜黄的块茎，是极为纯正漂亮的橘黄色，在潮湿炎热的热带亚热带地区常被用作天然的植物染料。比如用它来染制黄豆腐、糯米饭、姜黄鸡等各种美食。如果你仅仅认为姜黄带来的只是香味和漂亮的颜色，那你就错了，姜黄染色更大的功效是对食物的保鲜和防腐。研究发现，其富含姜黄素类成分和多种活性成分，具有很强的抗菌能力，在给予人们美味的同时，增加了食物的耐储存度和保鲜度。

紫色糯米饭的植物染料也有多种，像爵床科的板蓝（*Strobilanthes cusia*）、红蓝草（*Peristrophe roxburghiana*）都

板蓝

可以染成紫色，还有红苋菜（*Amaranthus tricolor*）、紫苏（*Perilla frutescens*）、苏木（*Caesalpinia sappan*）等用来染成红色或粉色。选用天然的植物来染制糯米，让香甜的米饭多了一丝食品安全感和纯天然感。

　　当面对传统节日的现代失落这个话题时，我们应该尝试着用更积极乐观的心态进行观察。我们要过好传统节日，首先就是要让人了解节日和相关的传统习俗。每年的壮族"三月三"，广西壮族自治区全区都会放假三天，实际上就是从制度层面确定了传统节日在现代生活中的地位。就像采用纯天然植物原料或者色素的糯米饭，一方面它与"零添加"的现代健康理念充分接轨，通过传统文化构建起来的食用色素知识体系赋予了传统节日文化新的生命力；另一方面，在节日的仪式感不断被强化的同时，人们也逐渐加深了解节日背后的文化内涵，从而凝聚人心，促进了民族地区的和谐发展。

江南卷柏的生命密码

在生命的进化和发展史上，蕨类植物是自然界的奇迹。很久以前，我们生活的陆地上一片荒凉，没有植物，也没有动物。随着地壳运动和气候演变，生长在海洋中的植物开始向陆地进军，最早登陆的就是蕨类植物。在恐龙繁盛的时代，蕨类植物是植物界的王者，曾与恐龙共生。它自带古老而神秘的气息，秉持着"野火烧不尽，春风吹又生"的顽韧，上演了传奇的历史。

顶芽狗脊

蕨类植物有一个最大的特点，就是它们既不开花也不结果，当然也不会产生种子了。它们的叶子，能够给人无限的想象空间，有人说像羊的牙齿，也有人说像几何图形。叶片的背面是它身体最重要的部位，那里常常生长出一些黄褐色的小凸起，在这些小凸起里面有许许多多极小的孢子。繁殖季节，叶片背面的孢子囊群如音符一般跳动，挣开束缚，随风飘到四面八方，遇到合适的环境，就能长出一株株新的植物，就是这样的繁衍方式让它们存活了数亿年。所以有人说，蕨类植物不需要开花，只需要抖抖叶子就可以让这个世界丰富多彩。

上左：桫椤

上右：川滇桫椤

下左、右：俗称"金毛狗"的蕨类植物

在广西靖西，每年农历五月初五，靖西及周边县懂得一方一药的群众以及壮医药农，纷纷将自己采摘的新鲜植物拿到县城集中摆摊出售。这里有琳琅满目的植物或药食，精彩程度丝毫不逊于植物新种的发现。每逢端午节，靖西俨然成为我们心心念念的地方。不仅在于药市背后多彩的民俗、丰富的药材种类、巧妙的医术令我们着迷，而且药市中有一种蕨类植物激发了我们的研究兴致。

靖西药市

它叫江南卷柏（*Selaginella moellendorfii*）。这个名字容易让人误以为是高大的柏树，其实它是一种卷柏科卷柏属多年生的草本蕨类植物。卷柏科仅有卷柏属这一个"儿子"，而它的"孙子们"卷柏属植物在全世界有750—800种，是石松类植物的第一大属，广泛分布于世界各地，以热带和亚热带为分布多样性中心，中国有六七十种。

它们大多生长在高高低低的石头山上，就连生命力顽强的青苔都难以企及。它高5—20厘米，叶子很小，模样和柏树的鳞片状叶差不多，只有芝麻大小，通常以毫米为单位，观察形态变异的叶片甚至还需要借助显微设备。它能够在人迹罕至、荒郊野岭的岩石缝

卷柏

中逆境生长，在古籍中以地柏、石柏著称。卷柏生于地上，故名地柏、地柏枝。其叶如柏，常附石而生，故有岩柏、石柏之名；叶密，故称百叶草。《本草图经》记载："地柏……根黄，状如丝，茎细，上有黄点子，无花，叶三月生，长四、五寸许……"

江南卷柏是卷柏科药用植物中的代表。《科学》杂志曾报道过一项重大发现：江南卷柏共含有22285个基因，在其孢子散布、防卫等过程中调控二次代谢产物合成的基因各不相同，且罕见的没有幼年和成熟的控制基因，这种独特、罕见的生物学特性使其可能产生一些特有的、结构新颖的、生物活性显著的二次代谢产物，也就是说，江南卷柏蕴藏着巨大的新型药物资源。

我国对江南卷柏的药用记录始载于宋代，至今已有上千年的历史。江南卷柏广泛用于治疗出血、肝炎、肺炎、咽喉炎、支气管炎等疾病。畲药书中记载，"治急性黄疸型肝炎，全身浮肿，肺结核，咯血，吐血，痔疮出血，烧烫伤"；苗药书中记载，"将其全草用于治疗胃癌、食管癌、急性黄疸型肝炎……外治烧伤、烫伤、外伤出血"。而在靖西的端午药市，江南卷柏的用法并不在这些古籍记载之中。壮族人民经过深厚的理论和实践经验的积累，认为江南卷柏在治疗高血压上更胜一筹，且效果显著。为了弄懂其中的缘由，我们就对江南卷柏开展了药理研究，果真从其全草中分离得到了对降血压有很好活性的胍丁胺类成分。我们在用现代科学手段来揭示民族地区植物药理的同时，也不得不由衷地钦佩广大壮族劳动人民的聪明才智。

现在，科学家们仍不断致力于解锁江南卷柏的生命密码，我们期待着某一天这个小小的蕨类植物能够带来如同挪亚方舟般的伟大应用成果。

植物的民间命名

"我们的生活依赖于植物"，这是英国皇家植物园提出的一条简单却经常被忽略的真理。即便现在不同流派对究竟是人类驯化了植物，还是植物塑造了人类各执一词，但争论点均基于从农耕文明到近现代社会，植物一直是人类赖以生存和发展的亲密战友这一观点。而人们要认识植物、研究和利用植物，并对其分门别类，首要的任务就是给植物命名。可以说，为植物和动物取名字是人类最原始的本能之一，名字成了人们沟通、交流各种植物信息的基础。

由于全球各地的文化差异，不同地区的人们对同一种植物的称呼往往不同，这就会造成混乱，妨碍了各国之间的交流。因此，生物学家在很早以前就对创立世界通用的生物命名法则问题进行探索，提出了很多命名法则，不过都由于不太科学，没有被广泛采用。直到1768年，瑞典著名植物学家卡尔·林奈（Carolus Linnaeus，1707—1778）在《自然系统》这本书中正式提出科学的生物命名法——双名法，这个问题才得以解决，并一直延续至今。所以，我们现在说的植物学名指的其实是拉丁名

人离不开植物，植物可以治病

人离不开植物，植物
可以变为美食

（即由属名、种名和命名者组成），而不是我们平常所讲的中文名或者当地民间的俗名。

这时不免有人提出疑问，既然已经有了统一的植物名称，为何还要研究植物的民间命名和分类？举个简单的例子，比如路边墙根的一株常见的野草，我们小时候都叫它灰菜。当你知道它的中文名叫藜的时候，你也就立刻明白古代的老百姓为什么称为黎民百姓了。由于所处地域的植物分布和语言文化的差异，世界各地不同民族对植物的认识能够充分体现在对植物的分类和命名上，所以植物的民间命名和分类一直以来都是国内外民族植物学的重要研究内容。

国际著名植物学家、美国密苏里植物园前主任彼得·雷文（Peter Raven）博士曾与人类学家合作，对墨西哥恰帕斯州地区 Tzeltal（策尔塔尔人，属于玛雅人）的植物词汇结构、民间分类体系等进行了深入的研究，成为植物民间分类学的经典。

遗憾的是，我国对植物民间命名的研究不是很多，仅在傣族、蒙古族、苗族等地区开展过相关的研究。而壮族这个群体的植物语言，只有广西民族大学蒙元耀教授和我们团队开展过研究。壮语植物名称作为壮族语言词汇的一部分，承载了一定的文化内涵，是民族文化的世界观和价值观的体现。而且植物的命名规则以及词语构成体现了壮族人民的思维习惯和文化特质，故而研究壮族植物词汇的文化功能十分重要。我们能够从这些词汇中窥测到原始人信仰崇拜、敬重自然的影子，也可以看到壮族人民对大自然的认识、思维认知方式、人文精神以及背后蕴含的厚重文化历史。

从构成植物名的壮语词汇上看，壮族民间植物名的基本结构多数是由2—4个词构成，还有一部分的植物名称是由1个词构成的。比如：勾儿茶（*Berchemia sinica*鼠李科勾儿茶属），其壮语名为：芒‖可诺（音译，mag kei nuo），其中"芒"代表"果树"，"可"代表"屎"，"诺"代表"鸟"，连起来翻译就是：这种果树，当它果实成熟时是黑色的，形如鸟屎。还有决明（*Cassia tora*豆科腊肠树属），其壮语名为：图‖锅灭（音译，tu gou mie），"图"代表"豆子"，"锅"代表"角"，"灭"代表"羊"，连起来就是：这是一种豆类（苏木科），它的果荚成对，形如羊的角。从上述两个例子可以看出，壮族命名植物时，植物的壮语名由两个部分组成，在"‖"前面的部分说明植物的属性，而在"‖"后面的部分则进一步描述该植物是什么，这就分别和双名法中的属名和种名相对应，因此我们可以说壮族对植物的命名也采用了双名法，只是对属和种的理解不同。在壮族民间植物命名与双名法中的属名相对应的部分，壮族民间主要根据植物的生长环境、性状和用途来命名植物。

民间对植物的命名和分类，主要基于千百年来民族的生产实践、风俗习惯、民间传说及文化信仰，结合植物的经济价值、外貌形态和生长习性等特点综合加以识别和命名，既有种一级的划分，也有种以上及以下的概念。壮族人口多、分布广，不同地区的人们发音有所不同，对植物的命名也存在差异。壮族地区的植物种类多、资源丰富，因此植物在壮族文化、语言构成中占据重要地位，这也大大丰富了植物文化的内涵。壮族民间植物命名的"属"和"种"的概念虽然没有林奈的双名法严格，但它具有很强的实用性，对当地的壮族人民认知植物、利用植物具有重大的意义。人们可以从植物的名称里大致了解植物的特性、形态和用途等有用的信息，不仅对日常生活有着很大的影响，而且为寻找新的资源提供了线索，尤其在植物资源的开发利用方面具有特殊的实用价值。

第十章
长寿的代表——瑶族

一提到中国的长寿民族，就不得不提到分布在广西、湖南、云南、广东、江西、海南等省区的瑶族。他们自称"勉""金门""布努""拉珈""炳多优"等，因经济生活、居住地区和服饰的不同，又有"盘瑶""过山瑶""茶山瑶""红头瑶""白裤瑶"等30多种称谓，直到中华人民共和国成立后，被统称为瑶族。瑶族的长寿是被世界所公认的，以广西壮族自治区为例，广西全区共拥有22个"长寿之乡"，神奇的是，这22个"长寿之乡"中，竟有5个是瑶族自治县。

左：广西金秀茶山瑶
右：云南金平红头瑶

所谓"长寿乡"是按照日本国际自然医学会认定的标准，每百万人口中有75位以上百岁老人的区域可称为"长寿之乡"，而广西的巴马瑶族自治县内百岁以上老人人数远远超出这一标准，成为长寿人口仍在持续增长的"世界长寿之乡"。我们一直对瑶族长寿的秘诀抱有好奇之心，采访过20多位长寿老人，总结归纳出他们长寿的秘密在于三大重要因素：首先是自然环境，瑶族同胞居住的环境大多自然景色秀丽，空气清新，负氧离子含量高，盛产各类药材，得天独厚的环境为当地人提供了基础保障；其次在生活上，瑶族同胞常年有利用药材泡澡、泡脚、擦身的习惯，与治疗疾病不同的是，这是一种习惯或说是一种传统，重点在于预防；最后是饮食方面，好山好水自然会孕育出上等的食材，新鲜、天然、无污染是他们饮食的标签，而且在做菜的时候有些人家还会采用多种瑶药药材来搭配调味。所以，现在有越来越多的人知晓瑶族懂药、用药，都想跟着他们学习长寿的秘诀，每年诸如巴马等"长寿之乡"挤满了来自全国各地的人，这些游客呼吸着最新鲜的空气，浸泡在药味浓郁的木桶之中。

提及瑶族，不得不谈到一位令人景仰的社会学家、人类学家、民族学家——费孝通先生。他的一生致力于民族工作，与瑶山结下了不可割断的情分。20世纪30年代，偏僻的大瑶山是外界眼中的神秘之地，费孝通和妻子王同惠来到大瑶山进行考察，在一次转场途中迷路，饥寒交迫之际，费孝通误入陷阱，王同惠下山求援，不料跌落悬崖罹难。

这对夫妻的生死经历，震惊了整个学术界。在王同惠魂断大瑶山后，费孝通更是立志要"一个人的体力干两个人的活"，先后多次进入大瑶山考察，对瑶族地区的经济社会发展、民族关系以及自然生态保护提出一系列见解，让这个深山之中的民族，逐渐被更多人了解，从而走上发展、富裕的道路。

端午药材市场

　　端午节，在南方也被称为"端阳节"，是一年中阳气最盛的时段，也是各种病邪毒虫最为活跃的时候，因此古人认为五月是"恶月"，所以设置端午节来驱邪，也可以说它是古代的"全民卫生节"。老家的端午就从母亲早上煮的一锅鸡蛋开始。那时候我很纳闷，这端午节和鸡蛋有什么关系？直到后来才明白，吃鸡蛋是为了图吉利，祈祷一年不生病。古人虽然没有现代医学知识，但是生活的经验足以使他们认识到端午节前后正是仲夏时节，气温骤升，蛇虫繁殖，疾病瘟疫容易流行，人们从生理与心理上都强烈地感受到外在的威胁，于是便采取措施以求健康。比如节日里必吃的粽子，也是药膳的一种。糯米具有益气健脾的作用，用来包裹粽子的粽叶更有讲究。北方大多用芦苇叶，南方多用竹叶和荷叶，这些叶子都有很好的药用功能。苇叶可以清热生津、除烦止渴；竹叶可以解清

左：北方粽子多
用芦苇叶包裹
　右：南方的超大
枕头粽

热、利尿排毒；荷叶能清热利湿、和胃宁神。总的说来，粽子具有清热解暑、益气生津、养血安神的功效。因此，端午节各式丰富的传统活动，无论是饮食还是娱乐，都只有一个核心内涵——清洁祛毒、驱邪避害、健身禳灾。

湖南江华瑶族端午药材市场，龙春林教授正在和他的老朋友叙旧

在我国南方部分地区，由群众自发赶集发展起来的传统药市更是端午佳节不可错过的风景线。老百姓相信这天只要逛逛药市，饱吸百草药气，可以预防疾病发生。我们连续对全国较大的药市做过调查，像广西的靖西、恭城，湖南的江华，贵州的凯里等地区，都是我们调研的重点区域。

这些药市不仅展示了丰富的药用植物，具有独特的民族、地域特色，而且也是当地民间医药知识和经验的重要交流平台。在端午节的前几日，来自四面八方的药农，就在指定地点陆续搭好棚子，将手中的药材一袋袋、一捆捆、一摞摞排列在自己的摊位上。为了能在药市场上拿出更多的品种，很多村民一个多月前便上山采集植物，有的甚至还辞掉城市里的工作专门回家采药拿来售卖，如同我们过年必须回家一般。一长溜的药摊规整有序，药材的种类数不胜数，令人目不暇接，买药人和卖药人熙熙攘攘，场面热闹非凡。

广西桂林市恭城瑶族自治县和湖南江华瑶族自治县是全国瑶族人口最为集中的两个县。以前，瑶族群众多隐居深山老林，与毒蛇

在广西恭城端午药材市场，我们正在向当地百姓请教传统药材知识

猛兽为邻，在长期与恶劣的自然环境和疾病的斗争中，他们利用大瑶山盛产的动植物药资源，积累了利用草药防病治病的丰富经验。每到端午节，各个村落的瑶族同胞都会不约而同地带着各自挖到的草药来到集市上交易，便宜的几块钱，珍贵些的就会卖出高价。

在江华，草药一般都是用来泡澡的，比如妇女生完孩子三天以后就能泡澡沐浴，婴儿洗后增强免疫力，产妇洗后祛风化瘀，补身强体。而在恭城端午药市上的药茶植物比药浴植物更为畅销。药市上的草药多经开水冲泡出药味后饮用，可有效治疗头痛发热、浑身无力、肚疼腹胀、腰酸背痛、手足麻木等症状。恭城瑶族群众喜爱打油茶，当地人喝油茶不分季节，一年四季、一天早晚都喝，所以

正在制作恭城油茶的阿姐

集市上还有打油茶的工具出
售。油茶的制作方法一般是
以谷雨茶（谷雨节气前后采
集的茶）为主料，用油炒至
微焦而香，边炒边用特制的
工具捶打，放入食盐加水煮

美味可口的油茶

沸，多数加生姜同煮，味浓而涩，涩中带辣，估计他们长寿的秘诀
跟油茶也有莫大的关系。

　　有意思的是，错字频出竟是两个瑶族药市的特点，比如在各药
市高频出现，但从未写得完全正确的"绞股蓝"，误写为"仙毛"的
仙茅等。看来在乡土社会，语言文字不过是知识的表达形式，他们
习以为常的错字不会伤及文化本质，亦不会影响他们的文化传承。

　　端午药市发展至今俨然成为传播民族传统医药和端午民俗文化
的重要舞台。在这里我们不仅能看到当地群众三五成群地交流医药
经验，还能在现场感受当地乡土医生用拔罐、针灸等方法为患者治
病，这些都是当地群众利用民族药、传播民族医术的缩影。尤其是
这些药市能够承受现代社会市场经济、传统观念等因素的冲击而保
存并流传至今，实属不易。

瑶族药浴植物记

　　史料曾记载："瑶人……善识草药，取以疗人疾，辄效。"瑶族人识药善治的传统已经有上千年的历史，这也是在封闭环境中瑶族人生存繁衍的秘诀之一。瑶族广泛流传一句民谣："若要长生不老，天天洗个药水澡。"药水澡即药浴。之前早有耳闻，瑶族妇女极少得妇科病，产后不用坐月子，泡完药浴当天下床做家务，五到七天便能上山砍柴、下地插秧，既不损害身体，也不畏风出汗。

　　瑶族药浴由来已久，我国最早的医方著作《五十二病方》中就有治婴儿病痫的药浴方；诗人屈原在《九歌·云中君》云："浴兰汤兮沐芳……"，记载古人用草药煎汤沐浴洁身。据老瑶医考证，药浴疗法奠基于秦代，发展于汉唐，充实于宋明，成熟于清代。瑶族药浴是按照中医的辨证施治原则，利用热药液在皮肤或患处熏洗，促进局部和周身的血液循环，改善局部组织营养和全身机能，并疏通经络，促进经络的调节活动功能，达到治愈疾病的目的。要说药浴中最有特色的非瑶族产妇和新生儿的药汤莫属。泡这两种药浴要讲究方法，首先规定时间，新生儿药浴的时间为出生后第一天、第三天、第一百天及一周岁，产妇则需在产后三天、半个月、一个月进行药浴；第二步是要选对植物配伍。江华瑶族产后药浴植物由祛风除湿的"风药"、预防重大疾病的"痧药"和排尽异物、温中补益的"暖药"所组成，常用的主

要药浴植物有半枫荷（*Semiliquidambar cathayensis*）、大果油麻藤
（*Mucuna macrocarpa*）、瓜馥木（*Fissistigma oldhamii*）、牯岭勾儿
茶（*Berchemia kulingensis*）、使君子（*Quisqualis indica*）、南艾蒿
（*Artemisia verlotorum*）、虎舌红（*Ardisia mamillata*）、山姜（*Alpinia
japonica*）等；第三步要辅以食疗，以鸡汤或鸡蛋作为药引；最后再
在屋门上挂上艾叶，以求辟邪驱恶。只有在四步强强联合之下，药

使君子（组图）

左：半枫荷
右：多花勾儿茶

浴的药效才会发挥至极。

　　当然不同地区的瑶族群众有不同的药浴风俗，如广西板瑶和盘瑶的庞桶药浴。除了平时洗药水澡，每年农历五月初五这一天，当地百姓会采集一百种草药供全家洗药水澡，这一天是当地的"洗澡节"。这种药浴习俗对当地春季流行病的防治起到了极为有效的作用。而居住在贵州从江县的瑶族同胞则有另外的习俗，当地人每个月只能药浴六次，分别在农历的初一、初六、十一、十六、二十一和二十六，这六天也是当地的"消灾日"。虽然各地的瑶族群众风俗略有不同，但仍有一些共同特点，如采集居住地或附近山上的新鲜植物作为洗浴液的主要原料，并且多有在房前屋后栽培常用药浴植物的习惯。

　　瑶族对药浴植物的识别与传承是在日常生活中积累的，并没有特定的仪式与特定开始的时间。最佳采摘药浴植物的时间普遍认为就是在端午节前后，夏天虽然是山中的植物最为茂盛的时期，但气候湿热、雾气大、昆虫毒蛇较多，还会有野猪出现，采药比较危险；此外，药材的采摘时间也与当地农耕的时间联系在一起，多集中在农忙秋收之后。

　　辛苦劳作后，当地人将新鲜草药或干品切成小段，加山泉水在铁锅中熬煮 2 个小时或更长的时间，泡澡的药汤便制作好了。坐在盛满药汤的杉木浴桶内浸泡，让药液渗透皮肤表面，在清除皮肤污垢的同时，还能缓解疲乏。此外，药汤中含有杀菌抑菌的成分，通过皮肤渗透可使代谢产物随汗液排出体外，达到保健的作用。

当下，人们对健康的追求已超过任何时代，瑶族药浴让创新医疗服务模式和乡村振兴进入了发展的快车道。在从江县东南部美丽的瑶族村寨高华村，瑶浴、瑶药业已成了村里的致富之道。以前祖祖辈辈都以务农为生的瑶族群众，如今通过经营瑶浴、瑶药、民宿，日子变得越来越好，

瑶族阿婆家门口的
菖蒲和艾叶

经济宽裕，生活幸福，家家户户实现了脱贫致富。据统计，瑶族使用的药浴植物已有上百种，大致有328种药方，主治47类疾病，随着瑶浴名声的日益扩大，它悠久的历史、神奇的功效，引起了中外医药界的广泛重视和认可，打造瑶族药浴民族品牌指日可待。但前提是，我们还要秉持科学的原则，形成规范的行业标准，真正让瑶族药浴走向广阔的世界舞台，才无愧于瑶浴、瑶药的薪火相传。

白裤瑶与粘膏树的不解之缘

      南丹县位于广西壮族自治区河池市西北部。《徐霞客游记》中称此地为"粤西第一胜景",让人流连忘返。在岁月的长河中,奔腾的红水河孕育了桂西大地,丰富着白裤瑶原生态民族文化。当地的风土人情让人不免有陌生感,但又带有久违的亲切感,而且历久弥新。联合国教科文组织将白裤瑶认定为民俗文化保留最完整的一个族群。

广西河池南丹县

　　白裤瑶是瑶族的一个重要支系，自称"布诺"，因男子身穿齐膝白裤，故称为"白裤瑶"。2006年，瑶族服饰被列入第一批国家级非物质文化遗产名录，而白裤瑶服饰正是其中最为典型的代表。

　　相传，芋叶是原始白裤瑶人最初的衣物。可是芋叶不保暖且易损坏，这让他们很苦恼。有一次他们遇到一位穿着布料衣服的谢古婆（少数民族神话传说中的人物），便询问做衣服的技巧。谢古婆说："倘若穿衣服，就要先种棉，来年五六月开花，八九月收棉花，纺成纱，织成布，再用布缝衣服。"说着便抓了一把棉籽留给他们。到了第二年，他们果然做成了御寒的衣服，只是样式不太好看，于是再次向谢古婆请教染色秘籍。谢古婆说道："用蓝靛这种植物染布，可以制作既耐脏又好看的衣服。"也许从那时

白裤瑶女子的百褶裙，裙面用树汁画染成三组环形图案，裙边用红色无纺蚕丝片镶边

起，白裤瑶人种棉、染布，并制作独特民族服饰的历史正悄然开启。让人惊讶的是，在漫长的岁月中，无师自通的白裤瑶人竟然研制出用蜡染制作斑斓的衣裙，绘制绚丽生动的图案。而这"蜡"从何来？

走进云雾弥漫的瑶寨，寨前寨后，最常见也最奇特的风景，便是那一棵棵造型奇异的粘膏树（当地俗称）。十几、二十几米高的粘膏树，顶部生长正常，下部却异常膨大。一眼望去，像是一个个修长而又巨大的花瓶。粗壮的树干上，布满了疙疙瘩瘩的疤痕，一滴滴淡黄色的浆汁，有着琥珀般的色彩，滋润光泽、明黄淡雅，这就是大自然赏赐给白裤瑶人的天然蜡料。

粘膏树的中文名叫刺楸（chū），在《庄子·逍遥游》中称为"樗"，当地人称"刳（kū）楸"，这是白裤瑶人制作的粘膏画永不褪色的秘密所在。粘膏画的工艺流程主要分为绘制、染色、脱膏三个部分。每年初夏到初秋，白裤瑶妇女会在吉日使用斧头，在树上砍出小凹槽，之后大概一个月，粘膏树就会流出淡黄色的树脂。人们采集回去待到凝固成胶状后，再用清水洗干净，存放在底部有少

猪血树的底部
形似大花瓶

许水的瓦罐中，避免被黏住。到农历四月，白裤瑶人就将当年采集的新粘膏与往年存放的旧粘膏，以1∶5的比例混合，并按照一斤新粘膏三两牛油、一斤旧粘膏一两牛油的比例进行慢火熬制，冷却后用。白裤瑶阿婆说，如果全是新采的粘膏或者不与牛油混合，则画出的线条太粗且不清晰，无法做出有精致纹样的服饰。一般在农闲时节或春节前后，最适合绘制粘膏画，此时温度适宜，图形不易脱色。绘制图案的位置一般在女子的背牌（背上挂的一种装饰物）、百褶裙，以及男子上衣下方、儿童背带等处，绘画时将两种大小尺寸不同的画刀搭在煮粘膏的铁锅上，就着热度交替作画。用粘膏树树脂画纹样后，利用植物染液进行染色，得到的就是粘膏画了。

服饰上的图形种类有许多种，以鸡仔花为主要纹饰。因为当地人在日常生活中通过观察发现，鸡叫三遍太阳升，又叫三遍日中天，再叫三遍斜阳西坠，鸡是最有准信的灵物，是光明的使者。而且雄鸡类敢于与野狗争斗，勇猛无畏，所以在他们看来，鸡是神圣使者。白裤瑶人以雄的形态作为服饰的参考标准，按照雄发、花羽、翘尾、白肚腿、花足胫等特点来设计服饰。除了鸡仔花的图案，其他动物类图案还有鱼刺鸡花、小鸟花、老鼠脚花、猪脚花等；生活类图案有米仓花、剪刀花、竹筒花、米字花等；植物类图案有花朵纹、花枝等；还有龙路、家神、月亮、人仔图案、五指纹、回形纹等。这些花色图案丰富多彩，蕴含的文化古朴神秘，反映了白裤瑶人的原始信仰，包括自然崇拜、图腾崇拜、祖先崇拜等。

独特的白裤瑶服饰证明，白裤瑶人早已学会运用抽象的民族文化符号表达对生活的热爱，对幸福的追求，对丰收的祈盼，有着特定的民俗意蕴，传达了人们的美好愿望，在中国少数民族服饰文化中具有重要的地位和价值。

下篇

有趣的民族植物学

"民族植物学"是中央民族大学民族生物学创新团队运营的微信公众号之一。开设该公众号的初衷一方面是想让更多人了解民族植物学，促进民族文化的传承和生物多样性的保护工作；另一方面也想通过文化上的交流交融和深层次的民族认同，为培育中华民族共同体意识建设添砖加瓦。

　　自开通这一微信公众号以来，我们不仅得到了不同领域专家、同行和学生的关注，还收获了一大批来自全国各地、各行各业，热爱植物文化和传统生态学知识的粉丝。很多粉丝表示，以往旅游只是走马观花，看了我们写的故事以后才知道原来还有如此多有趣的民族植物、民族美食、民族文化和地方美景还未曾领略；一些有志青年甚至想加入我们的研究工作中来，一同邂逅遍布民间的植物知识，探寻背后的科学奥秘。

民族植物学标志与微信公众号

　　此篇章，我们选取了公众号中一些典型有趣的民族植物学故事与大家分享，希望读者朋友们能从中开阔视野，收获乐趣。

中央民族大学民族生物学创新团队部分成员合影

清明花

　　清明花，南方非常普通的一种小草，早春萌生，全身裹着银白色的绢毛，清明时节便开出黄色的花。以前在我的家乡，每年三四月份都是青黄不接的时候，人们经常饿肚子，觅食便成了我童年最难忘的记忆。人们纷纷采摘清明花、蕨菜、竹笋等野菜，弥补粮食的不足。在湖南中部的老家，我们把清明花叫做"鼠蒿"，它是菊科拟鼠曲草属的成员。据 *Flora of China*（英文版的《中国植物志》）记载，在湖南老家分布的拟鼠曲草属植物有2种：拟鼠曲草（*Pseudognaphalium affine*）和宽叶拟鼠曲草（*Pseudognaphalium adnatum*）。我们常吃的是第一种拟鼠曲草，又被称为鼠曲草、清明菜，它还有清明花、寒食菜、鼠耳等60多个不同的名称，而它原来的学名 *Gnaphalium affine* 则变成了异名。植物名称的变化无常，令人眼花缭乱，唯有品尝到它的味道，才会铭记在灵魂深处。

　　早春的旷野，阳光下有了些许暖意。在地埂的两侧，在油菜和紫云英的空隙处，在尚未灌溉的稻田枯荑周围，在看麦娘与鹅肠草的簇拥中，一棵棵银白色的小草在晨雾里顶着露珠，那便是我熟知的鼠蒿。我跟着妈妈和姐姐，走到田垄深处。她们麻利地掐着鼠蒿嫩尖，并不连根拔起，让留下来的老叶连根继续生长，也不带半点

— 162 —

被露珠覆盖的
清明花

清明花

泥土，在溪水里冲洗一下便干干净净。我小心地一棵一棵摘着鼠曲，却在不经意间把整株拔出，泥土沾了一手，弄脏了衣襟。嫩嫩的鼠曲很快填满了妈妈和姐姐的篮子，我看看自己的小篮子，还没把篮底盖上。

采食清明菜，可能是很多中国人记忆中的集体活动。用清明菜制作食物的方法千差万别。华东一带喜食的青团，色泽诱人，清香可口，但是制作工艺复杂。在我的儿时记忆里，老家制作鼠曲粑相对简单，主要原料是清明菜，仅仅用少量米粉作为"黏合剂"，如果能加点糯米粉，那就是上等的鼠曲粑了。青团的制作则很考究，以糯米为主要食材，用豆沙、芝麻、肉丁等做成品种繁多的馅料，而清明菜只负责色绿和清香。

青黄不接的时候，杉木扁桶里仅存的小半桶大米，需要支撑全家人一两个月的口粮。妈妈用楠竹米升，小心地装上半升米，交给姐姐拿到家族共用的石磨上磨成米粉。我跟在后面，拿着高梁穗子脱粒后做的小刷子，等待磨完后仔细清理磨盘，不敢浪费一粒粮食。

妈妈在捶打成糊状的鼠蒽上洒一层米粉，加一小瓢井水，用手搅匀。然后抓上一把捏成团，一个个地摆放在洗净的翠绿的箬竹叶上。在大铁锅里，放上竹片编的架子，把鼠蒽团平放在竹架上，盖上锅盖。往灶里添几次木柴，大约20分钟后，香喷喷的鼠蒽粑就可以出锅了！

青团

工序简单、制作不那么精细的鼠蒽粑，表面上并不圆滑，就连清明菜的鲜活模样也能看得清清楚楚，但丝毫不会影响它的美味，狼吞虎咽是对饥肠辘辘最好的奖赏。

清明时节，挑选出外观好看的鼠蒽粑，在厅堂的神龛上，在祖先的坟墓前，各摆上四个鼠蒽粑，在一旁插三根香，烧几把土纸钱。在缕缕青烟中，鼠蒽粑是对逝去亲人的告慰，是对祖先的敬仰。

老家采摘清明花，还有另外一个重要用途，就是作为酒曲原料。家乡的酒曲原料并不多，记得妈妈带我采摘过的只有清明花、辣蓼、柑橘叶、田边菊，再配上米粉或麦麸。小时候一直觉得酒曲特别神奇，洒那么一点在大米、玉米、红薯、高粱甚至野生植物如土茯苓、蕨根等上面，几天时间就能酿出酒来。

我去"美酒之乡"贵州做民族植物学调查的时候，专门带领学生调查过当地不同民族用于制作酒曲的植物。苗族、侗族、水族、布依族和汉族普遍喜爱的"九阡酒"，离不开当地丰富多样的酒曲植物。水族有民俗云："五月五采药，六月六制曲，九月九烤酒。"这"五月五采药，六月六制曲"说的就是采集植物原料制作酒曲。

我们研究过水族"九阡酒"用到的酒曲植物,发现他们采集的酒曲植物高达103种!

清明花作为酒曲植物,由来已久。书面语使用最多的名称鼠曲草,就与制曲有非常大的关系。其中的"曲"发音为"qū",在汉语中意为"酒母",即酒曲或酒药子,把小麦或大米等蒸熟再发酵后晾干即成。记忆中老家的酒曲圆圆的,呈灰白色,比肉丸子表面粗糙些,据说只有心灵手巧的妇女才能做出最好的酒曲。在做酒曲的时候,妈妈不断清洗双手,用清明花、辣蓼、田边菊、柑橘叶捣碎后与米粉和在一起,做成比汤圆大点的丸子,在阳光下晒干。完全干透之后,用线把酒曲穿成串,高高地挂在老鼠和猫狗都够不着的干燥阴凉处。在制作酒曲的整个过程中,长辈们反复叮嘱小孩子,不能用手去摸,否则酒曲就不灵了。

清明花与水稻的千年情缘

北方人称为"饼"的东西,南方人叫"粑"。云南人喜欢用叠词,管所有的饼都叫粑粑。南方制作粑的食材,往往就是米粉,很少用到小麦面粉。

清明粑(清明饼)一般用糯米和清明菜作为食材,精心加工制作而成,既是清明节犒劳众生的美味点心,也是祭拜祖先的上等供品。

我想,清明粑是中国传统稻作区的一个文化符号,拥有上千年的历史。制作清明粑两种主要食材,即水稻,特别是糯米的传统产地和清明菜的自然分布区,它们的重叠区域构成清明粑文化圈的地理轮廓。

南方不同区域、不同民族关于清明菜食品的名称多种多样,最普遍的，也是最有名的莫过于江南一带的青团。而在南方其他地区，则可能叫清明团子、清明粿、茶粿、毛香粑、三月粑、蒿菜粑粑、鼠曲粿、清明饼、棉菜馍糍、艾叶粑粑、艾糍、艾草青团、艾叶糍粑、艾草糕、清明果、龙舌饼、暖菇包等，其中带有"艾"字的清明粑，可能加进了艾蒿的嫩叶，也可能是把清明菜和艾蒿统称为"艾"，还有些地方直接把清明花叫成"田艾"。这些名称，与稻米、糯米或多或少有些瓜葛。

前面列出了清明粑形形色色的名称，清明花的称谓也不少：鼠曲草、清明菜、清明草、清明蒿、黄花曲草、糯米饭青、佛耳草、追骨风、绒毛草、鼠曲、鼠耳、鼠耳草、无心草、香茅、蚍蜉酒草、黄花白艾、茸母、黄蒿、米曲、毛耳朵、水牛花、鼠葹等，林林总总有60多个，最后两个名称，来自我们老家的梅山文化区。一般而言，分布越广、使用越频繁、产品越多样的物种，名称也就越多。清明花的这些名称能反映先民和当地百姓对它的形态、物候、质感、用途有着深刻的认识。

中国古籍中对清明花的记载，最早始于《名医别录》，谓之"鼠耳"。李时珍的《本草纲目》对清明花的本草考证、形态和利用进行了评述："《日华本草》鼠曲，即《别录》鼠耳也。唐宋诸家不知，乃退鼠耳入有名未用中。李杲《药类法象》用佛耳草，亦不知其即鼠耳也。原野间甚多，二月生苗，茎叶柔软，叶长寸许，白茸如鼠耳之毛。开小黄花成穗，结细子。楚人呼为米曲，北人呼为茸母。"又云："曲言其花黄如曲色，又可和米粉食也。鼠耳言其叶形如鼠耳，又有白毛蒙茸似之……"这里提到的"米曲"，是否与稻米、酿造有关，尚待考证，但清明花与水稻有不解之缘，应该是不争的事实。

作为历代医书记载的古老中药，鼠曲草具有调中益气、止泄除

上左：粑粑——
饼类的食物
上右：制作粑粑
下：红糖糍粑

痰、去热嗽、治寒嗽及痰、除肺中寒、大升肺气的功效，可止咳平喘、降血压、祛风湿、祛痰，用于治疗感冒、咳嗽、支气管炎、哮喘、高血压、蚕豆病、风湿腰腿痛、痰喘、风湿痹痛，外用治跌打损伤、毒蛇咬伤。现代研究表明，鼠曲草含挥发油和黄酮、倍半萜、二萜、三萜、豆甾醇、汉黄芩素等100多种化合物。这些化合物的药理活性十分多样，可以用于治疗炎症、高尿酸血症等疾病，还具有护肝和抗癌的作用。

清明花与民族美食

闽南和台湾地区的客家人将清明花制作的小吃称为"茶粿"，外形与糯米糍相似。每逢清明节前夕，客家人就会去野地里采摘鼠曲草，制作茶粿。他们将糯米与籼米按一定的比例混合后，磨成米粉；又将鼠曲草捣烂，捡出杂质和老化的茎叶；然后，把鼠曲草浆汁与米粉搅拌，以之作为皮料。根据各自的喜好，用绿豆、花生、芝麻等食材制作馅料，口味分成甜咸两种。包制好之后，入屉蒸上15分钟左右，即可出屉食用。茶粿是一种非常传统的客家小吃，客家人在节日和庆典时喜欢拿它来招待客人，尤其在清明节的时候，这已是一道标志性的美食，色泽好、味道香。

皖南一带有名的小吃"毛香粑"，制作方式不同于茶粿和青团，而是把鼠曲草作为馅料。具体做法是将鼠曲草搅碎至糊状，然后和炒熟的碎腊肉一起直接做成馅儿，包在面粉团子里，上蒸笼蒸熟，便成为色香味俱全的地方特色小吃。

我吃过并给我留下深刻印象的清明粑，都是在少数民族地区。在桂北的瑶族和壮族山村里，人们不仅在春季采摘新鲜幼嫩的鼠曲草茎叶，当天制作成清明粑粑，而且在鼠曲草盛开之后，采下全株晒干，挂在屋檐下，待农闲时，慢慢制作成小食品，既可当小吃，也可入宴席。用柚子叶片包裹的清明粑蒸熟时，散发出柠檬草和清明花混合而成的香味，沁人心脾。

在贵州黔东南苗族侗族自治州，侗族同胞制作传统美食"三月粑"必须有清明菜，湖南通道侗族自治县的"甜藤粑粑"也是这种三月粑。三月粑与蒿子粑粑、鼠葱粑一样，没有馅儿，由不同的食材混合而成。制作三月粑要用到3种食材：清明菜、糯米粉、甜藤。

甜藤：即鸡屎藤

"甜藤"听起来美好，但它的中文名是鸡屎藤、臭藤，为了文明起见，有些人帮它改名为鸡矢藤，感觉似乎好一点。然而，它的学名（拉丁名）却改不了，仍然是*Paederia foetida*，其中，foetida翻译成中文就是奇臭无比的意思。

24年前，我在通道县的侗族同胞家里第一次吃到甜藤粑粑时，就感觉到一种特殊的味道。通道县林业科学研究所的所长杨昌岩大哥告诉我里面有甜藤，我并不了解这种植物。直到杨大哥带我在侗家的菜园边上找到一棵甜藤时，我不敢相信自己的眼睛，原来是鸡屎藤！经过调查后才知道，原来他们不是直接吃藤子，而是将成熟的老藤采下后，经过捶打、捣碎，浸泡出里面的甜味成分，再拌以糯米粉和捣成糊状的清明菜，做成团子，用钩栗叶包好，放入甑中蒸熟。这样做出的甜藤粑粑，吃起来确实又香又甜，即使多吃两个，也不会胀肚子，因为甜藤有消食的良好功效。

清明节快到了，侗族同胞应该准备制作甜藤粑粑了吧？这不禁勾起了我的回忆……我期待着重返山村，再次品尝这人间至味。

（本文作者　龙春林）

爽爽的贵州　红红的辣椒

坊间传闻，贵州有"六度三爽"，所谓"六度"，是指贵州的纬度、高度、湿度、温度、负氧离子浓度以及风度，而"三爽"则是指贵州的空气清爽、气候凉爽、人民豪爽，这"六度三爽"充分概括了贵州的地理地貌、风土人情。我有幸在八月的中旬"逃离"火炉一样的中原，来到爽爽的贵州贵阳。

避暑胜地——贵阳

此次来贵州的目的是到红色革命圣地遵
义参加2020中国（遵义）生物资源大会。参
会前，老师又再次重复了他几乎每次出差参
加学术会议都会跟我们讲的话："我们参会的
目的有三个：交流思想、交朋友，特别是与
专家们多交流；品尝当地的美食、欣赏当地
的美景、领略当地的风土人情、感受当地的
文化；听学术报告、掌握学科领域的发展动
态、学习新方法和启迪新思路。"老师的话我

生态贵椒

一直记得。在贵州，有什么值得关注的地方呢？比较巧的是，同期
在会场所在地举办的第五届贵州·遵义国际辣椒博览会引起了我的
注意，我们不妨就谈谈——辣椒！

辣椒品种知多少

　　贵州栽培辣椒的历史由来已久，由于当地地形复杂、气候多样、
文化多元，辣椒在经过不同时期、不同地域的长期培育和人为选择
后，形成了许多独具特色的优良地方品种，遗传多样性十分丰富。
没有人能准确说出贵州的辣椒品种到底有多少，但相对来说，绥阳
小米辣、大方线椒、遵义朝天椒、花溪牛角椒、独山皱椒等品种比
较知名，除此之外，贵州还有锥形椒、指形椒、子弹头、牛心椒、
灯笼椒、樱桃椒、簇生椒、黄辣椒、小山椒、七星椒、满天星、大
条子、二荆条等辣椒品种也享誉国内市场。

　　近年来，随着生物技术的革新发展，有的辣椒已被培育成具有
观赏和食用双重价值的品种，它们造型奇特、色彩不一，形态有线
形、角形、桃形、簇形、蛇形、枣形、指形、灯笼形等，颜色有红、

农户庭院里的灯笼椒

橙、黄、绿、紫、黑、白等，广受园艺爱好者的喜爱。

贵州的辣椒品种琳琅满目，贵州人吃辣椒的方法也五花八门。在众多食用方法中，将辣椒制成辣椒面的吃法最为简单，也最初级。但是，别看辣椒面吃法简单，这里面也包含着丰富的民族植物学知识，体现了贵州各民族同胞的生活智慧和饮食文化。

万物皆可辣椒面

在贵州地区，辣椒面的制作方法有四种：第一种是糊辣椒面，这种辣椒面是将干辣椒烤糊之后捣碎制成，《舌尖上的中国3》曾提到："贵州人做饭，先打蘸水，新摘的朝天椒切碎拌入调料，吃的就是那份鲜辣……干辣椒用炭火烤糊捣碎，降低辣味的同时，还有一份糊香。"这里说的糊辣椒面，在西南地区的市面上最常见，它是蘸水里的常客。第二种是手搓辣椒面，顾名思义，这种辣椒面是用手将在炭火中烤糊的辣椒面搓碎制成，食用时自有一股焦香。第三种是刨灰辣椒面，这种辣椒面与手搓辣椒面相似，不同的是刨灰辣椒面需要用研钵将辣椒面捣得更碎，这样食用起来更细腻，香味更浓。最后一种是烧烤辣椒面，这种辣椒面与前几种材料上有所不同，添加了花生、芝麻、花椒等，适合做烧烤的配料。

无辣椒不美味

都说巧妇难为无米之炊，但到了贵州，便是巧妇难为无辣之炊，有句俗话说："湖南人辣不怕，四川人不怕辣，贵州人就怕不辣。"贵州人普遍无辣不欢。而我经过贵州一行发现，贵州菜里几乎都有辣椒的身影，比如较出名的贵州地锅鸡、贵州酸汤鱼，再如凉拌小菜折耳根、夜交藤，贵阳的街头小吃油炸辣椒脆更是直接将辣椒做成了茶余饭后的消遣零食。

贵州的香辣地锅鸡之所以独特，就体现在辣椒的运用上，据做地锅鸡的老板介绍，一份地锅鸡光辣椒就有近十种，海椒、小米辣、线椒、青椒、灯笼椒、朝天椒、二荆条等，辣椒和鸡肉细细炒、慢慢熬，产生化学反应，做出的地锅鸡肉质细滑，麻辣鲜香，让人忍不住大快朵颐。

香辣地锅鸡

贵州出名的酸汤鱼也离不开辣椒的加持，一份成功的酸汤鱼最重要的便是红酸汤的熬制。贵州不同地区熬制红酸汤的方法虽有不同，但辣椒却是必不可少的，红酸汤之所以是红色，一方面是因为里面添加了西红柿，更重要的是有了红色酸辣椒末的加入。

酸汤鱼

凉拌夜交藤

凉拌折耳根

香脆椒

凉拌菜之所以美味，也少不了贵州特制的辣椒油，将辣椒捣碎后放入油中细细熬制，直至逼出辣椒的香味后，再加入豆豉调配，豆豉与辣椒相辅相成，成就了凉菜搭档辣椒油。贵州人特制的辣椒油更能增添凉拌菜的鲜味与香味，一份凉拌折耳根，也就是鱼腥草（三白草科蕺菜 *Houttuynia cordata*），一份凉拌夜交藤（蓼科植物何首乌 *Fallopia multiflora* 的嫩尖）便是贵州人上好的下酒菜。

最出乎我意料的是辣椒竟然还能被做成零食！会议期间，东道主为我们准备了一罐贵州特产小吃"香脆椒"，看着这一满罐儿鲜红的辣椒，内心略微惶恐："这不会是什么黑暗料理吧？"品尝过后，香香脆脆的，味道居然还不错，成功解锁一种辣椒的新吃法！

辣椒背后的故事

为什么贵州人这么爱吃辣椒呢？其中一个说法是辣椒起了代盐

的作用。古时候山区缺乏食盐，"除油盐无贵味"，对贵州人来说，饭菜没了盐巴难以下咽。在长时间的尝试后，贵州人发现辣椒与饭菜搭配能够提味，从而起到"代盐"的作用，久而久之，贵州人便养成了日常食用辣椒的习惯。另一个说法是贵州天气潮湿，"地无三尺平，天无三日晴"，长期居住在这样的环境下，人容易得风湿、关节炎等疾病，而常吃辣椒能出汗排湿，起到预防这类疾病的作用。科学研究也证实辣椒里的"辣椒素"（Capsaicin）可以通过扩张微血管促进血液循环，使皮肤发红、发热，产生保暖作用。因此，在天气寒冷时食用辣椒确有祛湿抗寒的功能。

民以食为天，食物不仅是果腹之物，更是记忆和温情的见证，从原始社会的茹毛饮血，到钻木取火后的烧烤煎炸，食物见证了我们浩瀚的历史进程，而别具特色的辣椒文化则是一代又一代贵州人智慧和传统文化延续的见证。

（本文作者范彦晓，中央民族大学生命与环境科学学院2019级博士研究生）

粽子说："我就是这条街最靓的仔！"

"我就是这条街这条街最靓的仔，走起路一定要大摇大摆……"前方街道传来的网络"神曲"，立马吸引了我的注意，顺着声音走去，原来是卖粽子的阿姨放出的音乐，我顿时馋到口水直流。这条街最靓的仔会是谁呢？我想应该非粽子莫属吧！

"端午临中夏，时清日复长。"转眼端午将至，又到了粽子飘香，吃粽子的时候。食粽是我国端午节最普遍的习俗之一，有人将端午节形象地称为粽子节，可见粽子在端午节中的重要地位。大家对这个"靓仔"是否真正了解呢？今天，我们就来好好"盘一盘"与粽子相关的那些事儿吧！

粽子源于纪念屈原？

粽子在先秦时期就已经存在，起源于我国中原地区，最早被称为"角黍"，黍即稷（*Panicum miliaceum*），从那时起人们已经开始用植物叶子来包裹。随着粽子文化的交流与传播，到了南方之后，南方人将粽子与当地的饮食文化相结合。因为南方盛产稻，所以北方的黍在南方逐渐被糯米替代了，有些人也常将糯米装入竹筒中，从此粽子有了另一个名字：筒粽。到了南北朝时期，随着粽子文化的进一步融合与发展，人们将"角黍"和"筒粽"统称为"粽"，随后才有了现在"粽子"的称谓。粽子名字的变化充分体现出粽子文化的传承、适应与发展的动态过程。

目前关于粽子的具体起源众说纷纭，有祭屈原说、祭天神说、祭獬豸（xiè zhì，古代传说中的一种神兽）说、祭祖说、祭鬼说，等等。祭屈原说疑点重重，许多学者并不赞同，认为粽子的起源与屈原没有关系，古人最初也并非在端午节吃粽子。然而端午节吃粽子纪念屈原的说法早已遍布大江南北，深入人心，而其他起源说在民间却鲜为人知。我想这与屈原忧国忧民、以身殉国的伟大爱国情操密不可分，说明人们充分肯定并崇尚这样的爱国情怀，也折射出中华儿女祈盼祖国繁荣昌盛的美好愿望。

哪种植物的叶子叫粽叶？

我们在实地调查中发现，当问起包裹粽子是用什么叶子的时候，有些人回答："用粽叶包裹粽子。""您知道是什么植物的

粽叶植物——蜘蛛抱蛋

粽叶芦

叶子吗？""就粽叶啊，粽子叶嘛，还能用什么叶子啰！"那么真的有一种叶子的正经名字叫粽叶或粽子叶吗？其实没有，但有植物叫粽粑叶（*Aspidistra zongbayi*）和粽叶芦（*Thysanolaena maxima*），其叶片在云南和贵州等地区可用于包裹粽子。民间常说的粽叶其实是对包裹粽子的植物叶片的一种爱称（俗称），所

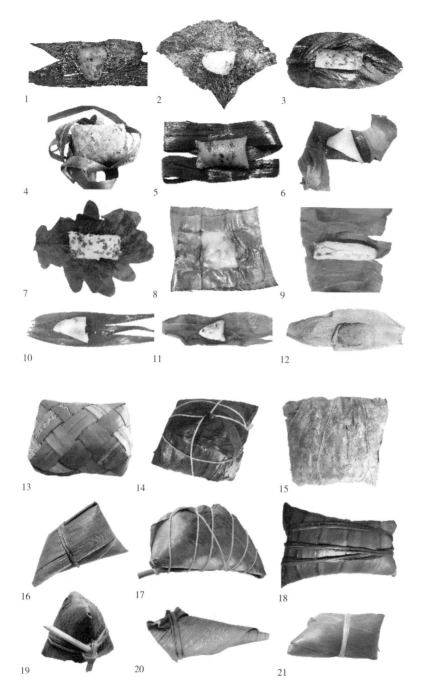

各种各样的粽子叶：

1.箬竹叶

2.莲叶

3.柊叶

4.椰子树叶

5.露兜树叶

6.甘蔗叶

7.榆树叶

8.芭蕉叶

9.香蕉叶

10.芦苇叶

11.粽叶芦叶

12.玉米叶

13.椰子树叶

14.柊叶

15.莲叶

16.粽叶芦叶

17.柊叶

18.露兜树叶

19.箬竹叶

20.蜘蛛抱蛋叶

21.芦苇叶

有包裹粽子的叶片均可称为粽叶，从粽叶这一词也可以看出，粽叶是粽子的重要部分。

然而粽叶的来头可真的不一般！我们通过调查发现，我国人民就地取材，使用各种各样的叶片作为粽叶，总数竟多达57种！这不仅反映出我国人民利用自然资源的智慧，也说明了我国粽叶文化的多样性。

粽子传承至今，样式不一，种类繁多，根据产地可分为北京粽子、嘉兴粽子、湖南粽子、广东粽子、海南粽子等；根据口味，则主要是甜粽和咸粽。

甜粽与咸粽到底哪种好吃？

不知从什么时候开始，有了粽子的"甜咸之争"一说，年年"争论"不休，却总无定论。总之，公说公有理，婆说婆有理。应该有人会好奇，为什么很多南方人平时偏爱吃甜的，但对咸粽子却情有独钟，而平时以咸食为主的北方人，却偏偏喜欢吃甜粽子呢？其实在广东的很多地方，甜粽和咸粽早已和谐共存了，端午节的时候两种粽子都可以买到。更有意思的是，在潮汕一些地区，有一种粽子称为双拼粽子或双烹粽子，一半是甜的，一半是咸的，完美解决了甜咸之争的历史遗留问题，这种粽子的口味是不是已经超乎你的想象了？不过不管是甜的、咸的，还是既甜又咸的粽子，口味以

从左至右分别是：甜粽子、咸粽子、甜+咸双拼粽子

及馅料的不同，均能体现出我国粽子文化的多样性。

可能有人会继续刨根问底：究竟是甜粽子好吃，还是咸粽子好吃呢？还是既甜又咸的粽子最好吃呢？或许新一轮的粽子甜咸争霸赛将从此展开序幕……别争了！我想这个问题是无解的，但如果我说"家乡牌""妈妈牌""姥姥牌"等粽子最好吃，估计没有人会反对吧？离开家乡求学多年，每当到了端午节的时候，我都会很想念家乡的粽子、亲人包的粽子，觉得外面的粽子都没有家乡的好吃。我想很多时候我们端午吃粽子，不仅是因为节日习俗和美食本身，更多的是怀念家乡的味道，是对亲人的一种思念，这也是粽子文化传承至今的另一种文化内涵的体现吧！

粽子是粽子文化的载体，而做粽子则是粽子文化的一种极为重要的传承方式。老一辈的人很多会做粽子，但是在年轻一代人中，却有很多人不会做粽子。粽子制作工艺的传承整体上

动手做粽子

呈现出一定的衰退趋势。我们每个人可以从自身做起，至少从学会做家乡的粽子做起，为粽子文化的传承与发展做出应有的努力。不过说来很是惭愧，此前我从没有亲自做过粽子，所以这次端午节，我向妈妈充分讨教，好好学习了如何制作咸肉粽（不好意思，我是"咸粽党"），感觉还不错！

吃几个粽子合适？

粽子的清香美味，总能激起吃货们哈喇子的涌起。不过，粽子虽美味，最好不要贪食哦。糯米中大多数淀粉属于支链淀粉，理论上降解速度比直链淀粉要快，但体内酶对分支部位的消化能力较弱，因此容易导致消化不完全，若大量摄入，则会给体内消化系统造成一定的压力。而且粽子的制作过程中，加入的油或者糖分较多，过多食用，也会引起消化不良，肠胃不适。所以每天每次不宜吃太多，但具体的食用量，应当根据身体状况而定。吃完粽子后，可以喝一些能解腻的茶水，如红茶、绿茶等。

端午节除了食粽习俗，众所周知，我国还有许多传统节日习俗，如挂艾叶菖蒲、赛龙舟、佩香囊、系彩绳、采草药等。关于粽子的那些事儿，远远不止这些，本文只是抛砖引玉。你们的家乡还有哪些传统习俗呢？

（本文作者林锋科，中央民族大学生命与环境科学学院2018级博士研究生）

它是"猪饲料"？不不不，它更适合给人吃

当老师确定考察计划之后，我们一行人翻过高黎贡山，前往独龙江流域。虽然遇到了道路塌方，但当地施工队迅速抢修、畅通道路，我们在傍晚时分顺利来到独龙江乡政府所在地，一眼便看到了当地特有的独龙鸡。

第二天清晨，我们在独龙鸡清脆的"歌声"中醒来。简单洗漱之后，我们便前往调查地点。途中，一抹红色的"身影"引起了我的注意，询问当地独龙族老乡，才知道这是芭蕉芋，在独龙江地区是猪饲料。我顿感惊奇，因为小时候见的猪饲料大多是比较矮小的草本植物，很少见到用观赏性如此强的花卉作饲料。通过查阅文献，

蓝天白云、绿水青山的独龙江乡

左：芭蕉芋

右："打好"猪饲料"
回家的独龙族老乡

才知道芭蕉芋（*Canna edulis*）是一种集观赏、食用、药用价值于一身的经济作物。

芭蕉芋究竟是芭蕉还是芋头？

芭蕉芋原产于西印度群岛和南美洲，也叫蕉芋、蕉藕、旱藕、金山芋、姜芋等，大约在20世纪30年代传入我国。在我国南部及西南部有栽培，其中以贵州、云南、广西为主产区，另外台湾、福建、浙江、江苏、江西、湖南、四川的部分地区亦有种植。其形态与花园中栽培观赏的美人蕉相似，但更加高大，一般可达3米。

芭蕉芋为美人蕉科（Cannaceae）美人蕉属多年生高大草本植物，但它的学名发生了变化：《中国植物志》和其他权威著作一直把芭蕉芋作为一个独立物种，学名为*Canna edulis*，但2000年出版的《中

上：芭蕉芋的花与叶

下：芭蕉芋的根茎

国植物志》英文版则将其并入美人蕉（*Canna indica*），一些专业数据库也称之为美人蕉，并不承认芭蕉芋的物种地位。如此说来，芭蕉芋不是芭蕉，更不是芋头，而是大家熟知的美人蕉！

在当地人的认知中，芭蕉芋和美人蕉相差太大了，一眼就能区分开来。在独龙江，我们"入乡随俗"，依然叫它芭蕉芋。

芭蕉芋可以吃吗？

芭蕉芋学名*Canna edulis*中的"edulis"就是能吃的意思，对于吃货而言，这是个好词儿！

可是，独龙族同胞却用它来喂猪，有点奢侈吧？其实也不是那么回事，用来喂猪的部分其实主要是它的叶子，当然根茎（块茎）也可以饲喂牲畜，属于精饲料。

芭蕉芋的块茎中含有丰富的淀粉。把芭蕉芋根茎切片后晒干，即为生产淀粉的原料。芭蕉芋干片的主要化学成分包括：淀粉60.00%，水分17.10%，灰分2.80%，粗纤维2.65%，脂肪0.26%，蛋白质3.63%，单宁0.19%。

芭蕉芋在它的美洲老家，安第斯人把它作为主食已有4000多年的历史，令人刮目相看！在20世纪50年代末至60年代初，由于我国粮食严重短缺，人们为生存而遍寻食物，芭蕉芋块茎便成为一些地方度过饥荒的救命粮食。芭蕉芋的块茎用火烤熟后，不仅能食用充饥，而且美味可口。

用芭蕉芋淀粉可以制作非常好吃的食物。比较常见的有香辣蕉芋粉、凉拌蕉芋粉、蕉芋粉炒肉片、黄瓜蕉芋粉等。香辣蕉芋粉中有辣椒、大蒜等辅料，既有蕉芋粉的清香味，又有香辣味。凉拌蕉芋粉清新爽口，滋味诱人。

新鲜的芭蕉芋还可以做成蕉芋羹来吃。具体做法是把芭蕉芋洗净切块，用果酱机打碎成蕉泥，放入锅中加水煮沸，搅拌5分钟左右，视各自喜好添加白糖或酱料，再过两三分钟后出锅，便是香气扑鼻的蕉芋羹。

另外，一般2.5千克芭蕉芋淀粉可生产0.5千克味精，还可生产口服和注射用葡萄糖、高粱饴糖以及代藕粉等多种加工品。芭蕉芋的花朵美艳，花蜜十分清香甜美，也是良好的蜜源植物，酿出的蜂蜜又香又甜。

花儿叶儿真好看，美人花儿作良药

芭蕉芋的花朵十分艳丽，与美人蕉有几分相似，难怪有人把它们当作一家人。也许是它高颜值的原因，芭蕉芋最初就是作为一种稀罕观赏植物而引进我国的，早在20世纪50年代就成为市政美观的新宠，零星栽培在我国南方地区。芭蕉芋具有叶片美观、开花鲜艳、花期较长、病虫危害极少等优点，尤其它的叶片宽大而形似芭蕉叶，茎叶茂盛，叶片不易枯焦，观叶期长，管理简便，有净化空气的作用；花朵颜色艳丽，气味清香，极具观赏性，因此常被作为家居花卉植物和美化庭院的良好材料。它的叶片并不像芭蕉树那样宽大，且叶片的边缘还有一圈红边，所以亦有"金镶玉"的美称。

芭蕉芋的花在民间用来止血，根具有清热利湿、凉血解毒、舒筋活络和滋补的作用，根茎味甘、淡、凉，有治疗痢疾、泄泻、黄疸、痈疮肿毒之功效。药理学研究表明，芭蕉芋还具有美容养颜、抗氧化、抗菌、抗肿瘤等方面的作用。

酒、酒精、粉条

芭蕉芋加工成淀粉，或晒干发酵后酿酒，出酒率达60%—70%，高于粮食出酒率。芭蕉芋通过发酵工艺工业化生产燃料酒精，在高淀粉含量中，其乙醇的转化率达26%以上。

芭蕉芋根茎中淀粉含量达60%，其中直链抗性淀粉含量为17.5%—27.1%，与木薯完全不同，其淀粉具有独特的糊状和凝胶特性，是作为新的基础淀粉工业应用的潜在候选者。同时，用芭蕉芋淀粉作为木薯淀粉的补充淀粉，可以生产符合自身特性的复合淀粉。芭蕉芋淀粉颗粒径大，糊化温度低，糊透明度好，直链淀粉含量高，成膜性好，其分子量也很大，与马铃薯淀粉接近，主要用于制造粉条。

芭蕉芋的茎叶纤维可制人造棉、织麻袋、搓绳，其叶提取芳香油后的残渣还可做造纸原料，用芭蕉芋淀粉浆纱，具有黏结度高、光洁度好等特点。

我们的调查告一段落，回望走过的路，雪山升起了红太阳，独龙峡谷换新颜。告别远处密集的蜂房，挥别绚丽的独龙毯，我们在一片美好祥和中离开了美丽的世外桃源——独龙江乡。

（本文作者胡娴，中央民族大学民族学与社会学学院2022级博士研究生）

原来爱丽丝梦游仙境真的存在

如果有人问，近一个月以来，云南上热搜的是什么？不错，就是最近频繁出现的"云南野生菌中毒事件273起"等微博话题，以及这样令人哭笑不得的段子：云南人吃菌有三熟，一是菌子种类要熟；二是菌子要做熟；三是去医院的路要熟。

为了减少市民吃菌中毒事件的发生，云南省卫生健康委员会印刷了50万份宣传资料，制作了2部宣传片，还向全省4000多万手机用户发送了野生菌中毒预警提示短信。

有毒的野生蘑菇

频频出现的吃菌中毒新闻和调侃，让我们在心疼云南人的同时，又心存疑惑。究竟野生菌有什么魅力，让他们如此欲罢不能？

云南人对野生菌有着外地人无法理解的情感羁绊，外地人想不明白，为什么每年有那么多吃菌中毒的案例，可云南人还是坚持不懈、不肯放弃吃菌呢？当地人也懒得向外地人解释，其实野生菌的美味，是在你品尝过之前，绝对想不到它有多么鲜香可口，用肉都不换呢！

食用菌的种类繁多，而且不同的菌子会采用不同的烹饪方法，

一趟山路，收获颇丰

来突出口味和特点。常见的吃法有野生菌火锅、干炒牛肝菌、青头菌煮汤、油炸干巴菌、生煎鸡枞菌、炭烤松茸、凉拌竹荪等。

云南人吃野生菌有着天然的便利，在每年雨季之时，漫山遍野的野生菌纷纷破土而出、蓬勃生长，这无疑是对当地人在味蕾和求生欲之间进行抉择的重大考验。在我们眼中千奇百怪，让人眼花缭乱的野生菌，当地百姓对它们十分熟悉，有些会用当地的土名来称呼，有些甚至都叫不上名字来，但他们总会轻车熟路地告诉我们，这种是可以吃的、那种千万不要吃、这种煮熟以后就没有毒性了，而且十分鲜美，一路听下来，让人又爱又怕，不禁想一尝究竟。

云南野生菌的产量大、品质好，价格比较昂贵的松茸每年都会作为出口商品远销日本。而远销欧洲，备受西方人喜爱，价值不菲的松露，在满桌珍馐的云南人眼里不足为奇。

下面就来为大家展示一下此次我们民族生物学小分队在云南的野外和农贸市场上看到的野生食用菌吧！

翘鳞环锈伞，又称鳞伞

1.冷杉菌

2.老人头

3.黄赖头

4.松茸

5.珊瑚菌

6.荞面菌

7.见手青

8.肉球菌

9.羊肝菌

10.红菇

想象一下它们被切成片，在热气腾腾的土鸡火锅里翻滚，打上一碗蘸水，等着菌子熟透……光是说说就已经垂涎三尺了。

说完了这些常见的食用菌，该说一说更令人好奇的毒菌了。

实际上，误食毒菌事件从古至今屡见不鲜。史料曾记载："菌不可妄食。建宁县山石间，忽生一菌，大如车盖，乡民异之，取以为馔，食者辄死……"

远古时代，人类就已经食用过致幻蘑菇，它含有可导致幻觉的裸盖菇素等物质。人体摄取了裸盖菇素后，会在血液中转化为脱磷裸盖菇素，并进入中枢神经系统，通过与5-羟色胺受体的结合产生神经刺激，会使你在没有真正刺激物的情况下，感知和感受事物，也就是我们所说的"幻觉"。

在陪伴我们童年的经典游戏《超级玛丽》中，当超级玛丽在吃了一种带有白色斑点的红蘑菇后，它的身体就会立刻变大，这种蘑菇的原型就是毒蝇鹅膏。毒蝇鹅膏中最主要的两种致幻物质是鹅膏蕈氨酸和蝇蕈醇，这些物质会导致人们意识混乱、眩晕、

美丽又邪恶的
毒蝇鹅膏

疲劳、麻醉催眠、视听感觉异常敏感、三维空间扭曲、时间停滞等，有时也会让人出现瞳孔放大、胃肠紊乱，中毒症状通常会持续约8小时。

在《爱丽丝梦游仙境》中，当爱丽丝咬了一口魔力蘑菇后立刻变小，再咬一口又立刻变大，她巧妙地利用蘑菇把自己调整到合适的身高，才有了后面的奇遇，这段故事让人不禁联想到，毒蘑菇的致幻性大概就是作者创作灵感的来源吧！

一个典型的中毒致幻症状，是食用了未煮熟的见手青而出现的"小人国幻视症"，由于这种牛肝菌中含有毒蝇碱、蟾蜍素等多种物质，这些物质会让人的感官变得敏感，眼前的世界变得像万花筒一般，无生命的物体突然有了生命，甚至能看见许多生动活泼的小人，有些是很美好的，有些是很恐怖的。

毒菌的种类多样，毒素的化学性质复杂，毒菌的毒性还会受到生长季节、发育阶段、分布地区及环境条件的影响。不同体质的人食用同一毒菌产生的中毒现象也会因人而异。在食用毒菌后，轻者

从左到右依次为白
花菌、红顶伞菌、
茅草菇，均有毒

南美洲考古出土的
蘑菇装饰物

HALLUCINOGENIC MUSHROOMS

Psilocybe semperviva

Psilocybe caerulescens var. mazatecorum

Psilocybe aztecorum

Psilocybe yungensis

Psilocybe mexicana

Psilocybe caerulescens var. nigripes

Psilocybe zapotecorum

《众神的植物》中的插图：裸盖菇属蘑菇

腹泻呕吐、产生幻觉，重者则会危及生命，绝非儿戏。

事实上，野生菌中毒并非只有致幻这种现象，其中毒现象分为六类：胃肠炎类型、神经精神型、溶血型、肝脏损害型、呼吸循环衰竭型和光过敏性皮炎型。一旦食用不当，对身体的伤害非常巨大。

国际知名民族植物学家、哈佛大学教授理查德·伊文斯·舒尔兹（Richard Evans Schultes）在中南美洲开展民族植物学研究时，发现致幻蘑菇无论在巫术还是宗教仪式中都占据非常重要的位置。考古研究也发现，从墨西哥到南美洲的印第安部落都存在着蘑菇崇拜。

在Schultes教授和他的合作者出版的著作《众神的植物》中，详细记载了被阿兹特克印第安人称为"神圣之肉"的特奥纳纳卡特尔（Teonanacatl）蘑菇。人吃了这种蘑菇后便产生幻觉，进入迷幻状态。研究表明，裸盖菇碱和裸盖菇素两种化合物是导致幻觉的元凶，它们影响人类的视觉和其他感觉的神经受体，从而干扰神经系统的信号传递，使人产生幻觉。由于裸盖菇具有神经毒性，大家一定要敬而远之！

（本文作者李冰聪，中央民族大学生命与环境科学学院2019级硕士研究生）

格桑花开　卓玛归来

　　飞机穿越彩云之南，掠过玉龙雪山，缓缓降落在迪庆香格里拉机场。"香格里拉"的名字，最早出现于小说《消失的地平线》中，在英国小说家詹姆斯·希尔顿的笔下，香格里拉是远在东方群山峻岭之中的永恒和平宁静之地，它拥有超凡而庄严的静谧，充满了醉人的神秘气息，是名副其实的世外桃源、人间天堂。

　　这也是云南省迪庆藏族自治州香格里拉市名字的间接由来。它曾经的名字叫中甸。其位于青藏高原与云贵高原过渡区，云南、西藏、四川的交界地带，地处三江并流腹地，地势高耸，山川密集，

"心中的日月"——香格里拉

涵盖了多种类型的自然环境，是我国高原特有植物种类最为集中的区域。

香格里拉是我们本次考察的主要目的地。抛却小说中理想浪漫的超现实设定，真实坐落在人间的香格里拉，绮丽静美，花草人文也各具姿态与脾性。既给人身之雅栖，也指引了人心之归处。

格桑梅朵

在大部分人的印象中，格桑花与藏族是牢牢绑定在一起的。藏语中的"格桑"是"幸福""好时光""好征兆"的意思，"梅朵"即花，合起来便是"幸福花"。格桑花寓意幸福与吉祥。这是藏族同胞心中至美的代表、精神的象征，也是雪域高原重要且独特的文化标识。

关于何种植物才是真正的格桑花，学术界争议不断。波斯菊、马蹄黄、瑞香狼毒、杜鹃花、金露梅、雪莲等纷纷卷入纷争，一度

金露梅

共同拥有这个神圣的名字。经过专家团队的细致考证，确定格桑花 （上起）灰毛蓝钟花、
实际是指蔷薇科委陵菜属的金露梅（*Potentilla fruticosa*）。虎耳草、阿墩子龙胆

我们此行，自然不乏与格桑花金露梅的邂逅，虽然已经错过了它盛开的季节。来到香格里拉市近郊五凤山的时候，天色将沉，一片开着黄花的灌木密集丛生，红褐色的小枝小心托举着娇艳的黄色花朵，宛如薄暮中的点点星辰，这便是我们熟知的金露梅。金露梅的5片花瓣金黄圆润，因整体花形酷似梅花而得名。

次日我们远行无底湖，在车子迂回盘旋开上流石滩的途中，金露梅不断进入我们的视野。此处相比市郊，海拔攀升，植物的生存环境更为恶劣，而我们见到的金露梅，虽然比较矮小，却依旧鲜艳如常，与身边的阿墩子龙胆（*Gentiana atuntsiensis*）、虎耳草（*Saxifraga stolonifera*）、灰毛蓝钟花（*Cyananthus incanus*）等生命一并，傲然绽放着。可谓既有梅之名，亦有梅之魂。

高山植物与生俱来要承受更为沉重的生命负担。由于高山地

荒凉的流石滩上的塔黄（*Rheum nobile*），生长几十年，开一次花后死去。（入秋时的流石滩已是寒风呼啸，塔黄仍然坚强地伫立在风中；左图塔黄叶片为无意中捡到的，非有意摘之，请爱护高山珍稀植物！）

区常年低温、地形陡峭、表面土壤稀少、水分匮乏、太阳辐射强烈、昼夜温差大，更常有强风吹袭、霜降寒冰，为适应如此严酷的环境，大多数高山植物仅长为矮小的灌木或草本植物。它们往往叶子细小以减少蒸腾作用保住水分，茎呈垫状以稳稳地固定植物体，花色鲜艳以吸引动物、昆虫媒介传粉，在艰难的适应与进化中，极为缓慢又倔强地生长着。有凌云之志，不畏高山寒。对于它们，俯瞰万物是命运的馈赠，美丽的外表更像是生命的回响。

再一日，穿越美若天空之镜的纳帕海湿地，我们到达了香格里拉高山植物园。其建于中甸近郊，属于云南西北部横断山区腹地，这里的生物资源特别是高山、亚高山植物资源丰富而独特。本着庇护迪庆高山植物的初心，"守园人"方震东几十年如一日地收集濒危高山植物种质资源，将它们移入植物园并精心呵护，让这个纳帕海岸边本不起眼的山头，逐渐热闹了起来。

在百花齐放的园中，自然不乏金露梅的身影。与所有定居在园中的植物一样，它有着自己的一席之地，静默开放着。娇艳是娇

艳，但同行相衬，谁又能说哪个比哪个更艳丽、更引人瞩目呢？波棱瓜（*Herpetospermum pedunculosum*）、三色马先蒿（*Pedicularis tricolor*）、橙花瑞香（*Daphne aurantiaca*）与它同披黄裙；鸡蛋参（*Codonopsis convolvulacea*）、美丽乌头（*Aconitum pulchellum*）、灰毛蓝钟花用淡紫色装点自己；蝇子草（*Silene gallica*）、须苞石竹（*Dianthus barbatus*）与聚花马先蒿（*Pedicularis confertiflora*）拥有最亮丽的粉紫色；橙红色的黑心金光菊（*Rudbeckia hirta*）和卷丹（*Lilium tigrinum*）开得热烈夺目；成片的小叶栒子（*Cotoneaster microphyllus*）更像燎原的星星之火；而荞麦与银莲花（*Anemone cathayensis*）别出心裁地分别选择了低调的淡粉和白色，清新淡雅，美丽亦不输"旁人"……片片绿叶如绅士般优雅谦虚地衬托着众花美态，它们乖巧地次第开放，共同汇聚成植物园的颜色。显然，比起争奇斗艳，它们更懂尊重与自我欣赏。

金露梅叶片含有较高含量的生物活性成分，花、叶皆可入药，有健脾、清暑、调经之效；嫩叶可代茶叶饮用。在内蒙古山区，金

1.金露梅
2.波棱瓜
3.橙花瑞香
4.三色马先蒿
5.鸡蛋参
6.美丽乌头
7.灰毛蓝钟花
8.翠雀
9.蝇子草
10.须苞石竹

1.聚花马先蒿
2.黑心金光菊
3.卷丹
4.小叶栒子
5.荞麦
6.银莲花

露梅是骆驼喜食的中等饲用植物；在西藏地区，其枝条广泛被用作建筑材料。

藏族同胞皆爱格桑花，爱它的药食功能，爱它承载的民族精神与文化，也爱它本身的美艳、隐忍与孤芳自赏。多年来，它一直盛放在藏族人民心中，未曾凋落。

烟火人家

进行民族植物学考察，必然要拜访一些人家。比起在镇里宽敞明亮的饭店用餐，我们更偏爱当地老乡自家的厨房或是庭院，平价不起眼的土菜馆次之。老乡们与当地植物的缘分是上天注定且世世代代的，他们无疑是最懂植物的人，是我们最好的老师。他们与植物的关系也往往会在不曾留意的日常细碎中露出端倪，等待着我们察觉。

小中甸镇位于香格里拉市南部，我们在藏族同胞家里享用了来到此地的第一顿午饭。他们刚翻修了房屋，独具民族特色的二层小楼，气派的大门，宽敞亮堂的带顶庭院，古朴典雅的藏式客厅，整洁干净的现代厨房，以及那些无法忽略的、精巧到叹为观止的墙上雕刻装饰，不仅给客人归家之感，也令人心生向往。

由于是雨天，当日的考察充满了泥泞与寒意。老乡热情地招呼我们进到客厅，围坐在早就烧好的火塘旁烤洋芋（*Solanum tuberosum*）、喝酥油茶。洋芋，可以理解为土豆、阳芋、马铃薯，是当地特产之一，在当地既可作为小食，也可入菜入饭。把切好的洋芋片平放在滚烫的火塘上，自顾说笑，过一会儿翻面，再说上几句话的工夫，便可以吃了。当然，大家往往都爱多烤上几分钟，让洋芋表面金黄，甚至部分黑煳，再小心翼翼地拿起来。刚离开火塘的洋芋正是名副其实的"烫手的山芋"，拿到手里时要不停地轮换双手，让这片洋芋在手里"跳来跳去"，等热量散去一些才好下嘴。虽然散热只需半分钟不到，但洋芋诱人的色泽仍让人觉得等候时间漫长。烤好的洋芋既可直接吃，也可蘸一些干料，喷香焦脆的口感熟悉又陌生，与平日在街头或快餐店几块钱就能买到的烤土豆片或

烤洋芋

炸薯条比，别有一番天
地，再配上口味醇厚的
酥油茶，这样简单的食
材和搭配足以让调研的
辛苦烟消云散。

荞麦粑粑（正中）

　　我们津津有味地吃
着烤洋芋，明知正餐还未上桌，却难以自拔。酸甜的奶渣、油而不
腻的琵琶肉以及清香的荞麦粑粑，比起烤洋芋毫不逊色。荞麦在当
地被广泛种植，可做成主食粑粑、配菜粉条，也可全草入药。后来
在攀天阁乡，我们遇到一片甜荞花海。正值花期的甜荞盛开着淡粉
色的小花，远远望去，像是用手指抹在画板上的一点粉色颜料，自
然匀称，浓淡相宜。

　　茶余饭后，老乡还热情地招呼我们打核桃和栗子。因疫情原因，
我们此行已错过香格里拉盛花期，满树的果实算是对遗憾的弥补和
对久等的感谢。作为植物个体的重要器官，果实同样代表着旺盛的

打栗子

生命，且往往比花朵更成熟，也更沉静。

打栗子这样的体力活儿，小伙子总是兴致勃勃且当仁不让。师兄仰起头，抡起胳膊用力挥舞着手中的长竿，竿头便精准无误地砸向树冠的某个粗枝，随之，整棵树的树干枝叶纷纷不同程度地颤动起来，与此同时，已然饱满的栗子像听到指令般纷纷坠落下来，像是操场上听到老师集合哨声便欢快地向前奔跑的孩子们。

对于当地人，这该是每年的寻常之事，可是他们如此开心地笑着，和我一样拥有新奇且充满期待的目光。丰收的喜悦是这样容易感染到每个人。记得那几天多阴雨，但在我们打栗子的那个短暂的午后，蓝天白云却准时搭好了幕布，太阳隔着高山和云彩，为我们温和地打着光。暖风和煦，熟栗落地，笑声被云朵包裹着，在我们头顶徜徉。

我们还在维西县塔城镇柯那村拜访了一户玛丽玛萨人家。按官方记载，玛丽玛萨是纳西族支系，译成汉语意思为"猎物跑不掉"。

玛丽玛萨人家的庭院

他们从江西鄱阳湖一带迁徙而来，曾在丽江停留过很久，后迁于此。玛丽玛萨人与菖蒲有很深的渊源，不仅有食用和药用菖蒲的习惯，女性还会编织菖蒲裙，于过节时穿着它载歌载舞。玛丽玛萨人房屋附近的山头，一年四季都有成熟的野菜野果，他们常采竹笋、山嵛菜、山白菜、高河菜、大叶碎米荠（*Cardamine macrophylla*）、野韭菜、马齿苋、茖葱以及多种菌子食用，还用遍地金（*Hypericum wightianum*）止血和治疗毒蛇咬伤。

扎西德勒

吴琮三是我们此行的同行人员，迪庆州林业和草原局高级工程师，识花草，爱自然，我们都叫他吴工。初次见面时，面对不熟悉的环境和人，各方轻声细语，拘谨内敛，展现着彬彬有礼的会客之道，而猛然间，吴工一声高亢的"扎西德勒"，划破了所有的拘束和沉寂。我们显然对这样直率的声音感到陌生又突兀，一时被惊住，有些尴尬，不过还是能及时会意这背后的友善，基于日常社交的惯性，报以礼貌的微笑和随声附和："谢谢！扎西德勒！扎西德勒！"

"扎西德勒"是藏族的传统吉祥话。在藏语中，"扎西"是吉祥的意思，"德勒"是好的意思，连起来可译为"吉祥如意"，代表着欢迎与祝福。

　　听闻我们的附和声，吴工随之哈哈大笑起来。后来我想，应是他识破了我们，开始动用他的"撒手锏"。吴工素有"滇西第一笑"之名，他的笑声拥有罕闻的音色和频率——"哈哈哈哈哈"四五秒为一组，一般接续多组（至少两组），每组间停顿半秒，声音浑厚，像一把刻有吉祥如意刀铭的出鞘利刃，剑指高空，豪迈、爽朗，充满力量且极富感染力。我们也纷纷不由自主地笑了起来，

香格里拉无底湖

不笑任何人或事，只是空气中弥漫的"发笑分子"传播到了自己身上。

　　人是奇特的物种，在不同环境中成长起来的人们，好似拥有着不同的"生态型"。但人的流动性又高出植物许多，换到新的环境中时间一长，又往往开始发展出新的性格面貌。正是多样的基因，外加各种地域、文化的影响，以及发生在每个人身上独一无二的经历，形塑了并不雷同的芸芸众生。因而当下，虽然我们与吴工拥有着同样的行为，我们彼此间是这样的欢乐、亲近，可我们仍截然不同得仿佛两个物种。我们审慎、腼腆，他和他们外向、豪爽，虽然

这并不影响我们共同感受幸福。我们欣赏他，他的笑永远向着苍穹与高山，辽阔而深邃，让人自发地愿意追随。

"这里有美酒歌舞，这里有盛开的格桑花，这里是卓玛的故乡，这里是我们的家园……"歌声从停靠在流石滩的越野车中传出。不远处，一位藏族小伙正徒步攀爬。蒙蒙细雨中，片片碎石上，大伙气喘吁吁，小伙子倒是面不改色。在我们经过他，并对他表示赞赏时，他也是这副模样，不怎么言语，始终怀揣着淡定从容、与世无争的平和，像是高山的信徒，继续着自己的朝圣之路。

歌声在天空、云海、流石以及每个来到此处的人的心间回响。即便在多元音乐繁盛的今日，舒缓悠长的藏族民歌仍带着本属于它的古老沉静，连同这片广袤纯洁的天地一起，抚慰着所有定居于此，或为此地奔赴而来的尘世人心。正如希尔顿在小说中所写："激情枯竭之时，便是智慧的开端。"当我们远离了那些焦虑、执念、苛求，让心灵真正裸露于天地时，会发现它既可随云雾飘浮，也可沉于湖底，还可穿行于众生百态之间；它自在轻盈，丰富又高贵，它终于找到了属于它的家园。

心之宁处，即为归途。扎西德勒！

（本文作者张晴，中央民族大学生命与环境科学学院2021级硕士研究生）

那些年，我们吃过的裸子植物

记得在大学课堂上，一位老师给我们讲到"地球上有多少个物种？"这个问题时，他说这是125个科学前沿问题之一。当时我还不以为然：不可能吧？我们连自己周围的物种数目还没弄清楚吗？后来才知道这个答案很难回答，因为人类认识自然的能力还非常有限，不同学科对于物种的定义、分类标准不一致，对不同类群的研究深度也不同，加上有些极端生境人类无法涉足，所以等待这个问题的最终答案出现，人类可能还需要一个漫长的过程。

好在植物类群的种数还是相对比较确定的，据统计，地球上的高等植物种数应该有30万—35万种，其中包括苔藓植物1.6万种、蕨类植物1.3万种、裸子植物1000多种、被子植物26万种。目前已经发现并记录的植物种类大约30万种，这一切都应该归功于广大的植物分类学者和植物资源学者。在现有的植物中，可以为人类食用的植物种类则超过了5万种，但是实际上人类日常食用的植物种类不到200种，其中大约20种主要农作物维系着人类的粮食安全。这意味着自然界为人类贮藏的植物类食物还有很大的开发利用空间，这些植物对于应对粮食短缺问题，无疑是有待开发的资源宝库。

2020年5月底，云南省贡山县遭受有气象记录以来最大的持续大到暴雨天气过程，多地发生泥石流、塌方等自然灾害。尤其是独龙江乡，持续的暴雨导致独龙江乡的道路交通、通信、电力几乎全部瘫痪，村民的农作物、房屋、供水也成问题。当时独龙江乡出现了粮食短缺的现象。不过，独龙江乡的竹类资源十分丰富，将近十余种的竹笋可以食用，常见的有福贡龙竹、缅甸方竹、金竹、斜倚箭竹等。当时上游正值竹笋丰富的季节，于是上游的龙元村和迪政当村的村民就去往山上采挖竹笋，上游村民采挖近千斤的竹笋送往下游，才得以维持极端天气造成的粮食短缺。如此一来，我们深入了解食用植物，特别是野生的、具有潜在发展前途的食用植物，就显得至关重要了。

这段时间，我经常前往滇西北进行调查，滇西北地区是一个生物多样性和文化多样性都非常丰富的区域，在那里我领略到了"两山夹一江"的高山峡谷风景和不同地域的少数民族文化。同时也对当地的少数民族利用野生食用植物的传统知识非常感兴趣。一方面是因为当地的自然条件不适合种植粮食作物，即使种了也是产量极低，另一方面则是生产力低下，所以当地的少数民族会利用周围的野生食用植物来代替粮食维持生计。我们先来看看独龙族比较有特色的几种代粮植物吧！

食用观音座莲（*Angiopteris esculenta*）是合囊蕨科蕨类植物，听名字就知道可以食用，《中国植物志》中介绍：本种蕨类在怒江及独龙江亚热带河谷两岸密林下甚为普遍，当地少数民族（独龙族）从根状茎及膨大的叶柄中提取淀粉作为粮食。根状茎之大者直径可达30—40厘米，重逾20斤。食用观音座莲是旧时独龙族重要的代粮植物，以备不时之需。独龙族利用其膨大的叶柄，加工成淀粉，过程较为复杂。

大百合（*Cardiocrinum giganteum*）是百合科大百合属的一种植物，也是独龙族的一种重要代粮植物。将其鳞茎洗净，可直接加工

1.采挖食用观音座
莲的根茎
2.可食用部位的根
状茎
3.食用观音座莲的
叶子

成淀粉食用，也可以用来酿酒，目前在独龙江的上游还有人家采集
用来酿酒。我们有幸品尝过大百合酒，醇厚的酒香令人回味！

　　以上我们所说的独龙族野生食用植物既有蕨类植物也有被子植
物，尤其被子植物是当今地球上最为繁盛的植物类群，作为人类的
主要利用对象，它们发挥着重要作用，受到众多植物资源学者的关
注。那么作为植物中的"少数植物"——裸子植物，它们中的哪些
物种具有食用价值呢？它们又该如何被食用呢？

1.大百合的叶子
2.大百合的果子
3.可食用部位的鳞茎
4.装好一盆的鳞茎

可食用的裸子植物

　　裸子植物是比较古老的植物类群，其产生、发展的历史悠久。最新的研究表明，全球的裸子植物共有1118种。中国则有197种，占全世界裸子植物的17.6%。我国包含裸子植物4个主要类群，是世界上裸子植物物种最丰富的国家，可以说是裸子植物的故乡。裸子植物多为高大乔木，少有灌木，稀为草本，尽管只占植物界很小的一部分，但是裸子植物几乎占据了北半球与被子植物相当的范围，其在园林绿化、水土保持、药用、食用、材用上的价值不可忽视。

首先我们来看一下裸子植物都有哪些物种吧！按照目前裸子植物系统中列出的4个亚纲，分别是苏铁亚纲、银杏亚纲、买麻藤亚纲和松亚纲。

　　1.苏铁亚纲（苏铁科）

　　苏铁类植物在生活中还算比较常见，因为常绿而作为观赏植物被放置在大门两旁，俗称铁树，有人说是因其木质密度大，入水即沉，沉重如铁而得名；另外也有人指出因其生长需要大量铁元素，即使是衰败垂死的苏铁，只要用铁钉钉入其主干内，就可起死回生，恢复生机。最为出名的莫过于"铁树开花"，那么问题来了，作为裸子植物的铁树如何开"花"呢？那其实是它的孢子叶球和种子。

此"花"非彼花

　　苏铁是可以食用的，其树干中薄壁细胞含有很多淀粉，磨粉后可供食用，俗称西米。需要注意的是，它与西米棕榈所产西米不同，苏铁全株含有苏铁甙，因而生产苏铁西米时需要类似木薯的加工方式进行反复淘洗等工序除去毒性。

　　苏铁的种子因为含有苏铁甙，有毒性，误食苏铁的种子会引起抽筋、呕吐、腹泻和出血等症状。

　　苏铁是雌雄异株植物，并且大多是保护植物，但在很多地方被

多歧苏铁的小孢子叶
球（左）和大孢子叶球

盗，采挖现象非常严重。我们在云南省金平苗族瑶族傣族自治县勐
桥乡的石洞村，发现了当地村民参与野生植物保护的案例：当地的
村民经过20余年的摸索，十分熟练地掌握了苏铁的保护、繁殖和栽
培技术，自觉参与保护国家一级保护植物——多歧苏铁的行动中来。

2.银杏亚纲（银杏科）

银杏科是中国特有的单种科，仅银杏一种，是中生代孑遗的稀
有树种，属于国家一级保护植物。人送外号"植物界活化石"（确实
强，把同属的物种都熬死了）。有人会问了，学校、小区、人行道

银杏果及其进一步被
加工

银杏的雄花（上）和雌花

周围全是它，为什么还需要保护呢？因为我们现在见到的这些全是栽培种，仅浙江天目山有野生状态的树木。

估计大多数小伙伴对于银杏的记忆，除了"满树尽带黄金甲"的唯美秋景，还有挥之不去的臭鸡蛋气味。尤其是人行道旁被压扁的银杏种子，那气味叫一个酸爽。银杏也是雌雄异株植物，只有雌株上才结银杏果。

银杏种子可以食用，在大多数地方又被称为"白果"，煮或炒熟后直接食用，制作糖水配料等，其叶子也可以晒干代茶。但是不建议多吃。

3.买麻藤亚纲（买麻藤科、百岁兰科和麻黄科）

买麻藤类植物主要分布在中国云南南部地区，我国约有9种。在贡山县独龙江乡的马库村，那里靠近缅甸，气候类似于热带雨林气候。当地的独龙族群众会食用买麻藤的种子，有一次我试了一下，味道确实不错，当地的独龙族群众也把其当作一种高级零食。

买麻藤（*Gnetum gnemon*）是一种大型藤本植物，缠绕于树上，可谓浑身是宝，其茎皮含韧性纤维，可织麻袋、渔网、绳索等。种子可炒食或榨油，亦可酿酒，树液为清凉饮料。

左：灌状买麻藤
右：买麻藤果实

百岁兰科是单种科，和银杏科相似，只有一个种——百岁兰（*Welwitschia mirabilis*）。原产于非洲纳米比亚沙漠，纳米比亚西南部一个狭长的、干燥的地带，号称"世界上唯一永不落叶的珍稀植物"，不过不能食用。

麻黄类植物，多为小灌木或亚灌木，我国大约有14种，估计大

百岁兰

中麻黄

家也不会陌生，麻黄碱就是从这类植物的根茎中提取出来的。麻黄在中医上用途很广，是特产于中国而闻名于世界的药用植物。值得注意的是，麻黄有几个种肉质多汁的苞片是可以食用的，例如中麻黄（*Ephedra intermedia*）等。

4.松亚纲（松科、红豆杉科）

松亚纲是裸子植物中最多的一类，尤其是松目和柏目最为常见，作为园林绿化中的第一梯队，青杆、雪松、白皮松、油松、日本五针松、水杉、铺地柏、圆柏、侧柏等往往是不可或缺的角色。那么要说到食用，不能忽略的就是松子了，松子顾名思义是松树的种子，但并不是所有的松科植物都产松子。多数五针松（叶五针一束）的种子较大，均可以食用，例如华山松（*Pinus armandii*）等。

当然白皮松（三针一束）、西藏白皮松的种子也可以食用，但以东北红松的松子最为出名。

榧树（*Torreya grandis*）是红豆杉科榧属的植物，其种子是著

华山松及其种子

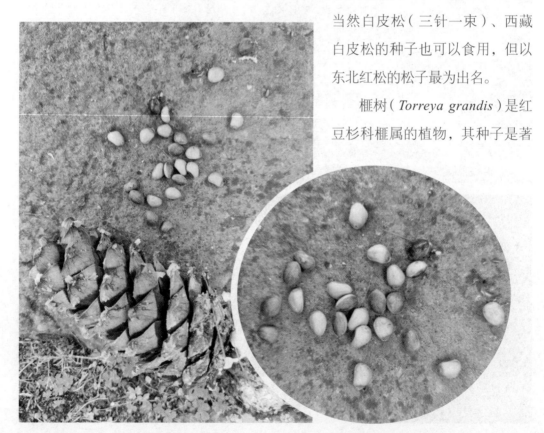

名的干果——香榧，又称香榧子，大小如枣，核如橄榄，种壳较硬，内有黑色果衣包裹淡黄色种仁，可食用。榧属的其他种也大多可食用，或者是榨油食用。

　　三尖杉（*Cephalotaxus fortunei*）是红豆杉科三尖杉属植物。

东北红豆杉　　我们在兰坪县调查时，发现当地的普米族群众就直接食用其种子，还告诉我们说味道鲜美。好奇的我忍不住试了一下，简直了！只能说"承让"了。

红豆杉属植物种子的假种皮味甜，据说也可以食用，不过我没有尝试过，有位东北的老师告诉我他曾一次吃过100粒东北红豆杉（*Taxus cuspidata*），没有任何反应，但应该是有微毒的，如果食用的话，强烈建议只能少量。

春季的云南，很多市场出售"油杉尖"。餐馆也经常有"油杉尖"这道菜，不过一般是加工过的，一年四季都能吃到。它是云南油杉（*Keteleeria evelyniana*）新发的嫩叶，吃之前在水里焯过，绿色的叶子变成了枯黄色，看起来不那么诱人。但是如果用干辣椒炝锅，与火腿、蚕豆米或韭菜等爆炒，便是美味可口的地道云南菜。

总而言之，裸子植物也有很多可食用的种类，主要食用部位是种子，也有食用假种皮、苞片、髓心等部分的。药用和观赏价值确实是稍微逊色一些。最后友情告知：由于裸子植物大多都含有特殊的化学成分，有微毒，建议大家少量尝试即可，或干脆敬而远之。而铁树就不要去品尝了，那可能会要了馋猫的命！

（本文作者程卓，中央民族大学生命与环境科学学院2021级博士研究生）

后　记

经常有朋友问：民族植物学到底是研究什么的？每每如此，我们都不吝时间，向不同领域的朋友解释我们的工作，分享我们的成果。民族植物学这门学科的定义阐释其实已经非常精简，即研究人与植物之间的关系。这样概括起来还是有些抽象，所以我要从人与植物之间的文化意义层面再解释一番。

无论是远古时期的直立人、匠人、尼安德特人，还是现代人类，他们的大多数时间都是靠采集狩猎为生。赫拉利所著的《人类简史》记述，智人部落以打猎、采集为生，虽然现在一般把他们称为"猎人"，但其实智人生活主要靠的是采集，这不仅是主要的热量来源，他们还能得到像燧石、木材、竹子之类的原物料。直到大约1万年前，人类开始从采集狩猎社会走向农业社会，学会操纵少数动植物的生命。可即便如此，分布在广袤田野的植物也从未退出过人类历史的舞台，在人类生活的方方面面扮演着至关重要的角色。

随处可见的植物不免让人觉得这是一种理所应当、不费力气的获得。所以我们在很多人类学、民族学的著作中能够看到作者对原住民利用植物进行仪式的一系列详尽描述，强调的是人在整个过程中的行为、反应以及影响。把植物仅仅作为一种符号和象征，从民族植物学的角度来说，这是远远不够的，因为著述者还是未能解释清楚为什么会用这些植物，植物于人的意义何在。因此，我们所做的正是弥补这一缺失——为什么这些植物与人类产生如此紧密的关系。

民族植物学若想真正成为一门学科，一定要有一套经得起考验和推敲的理论体系和研究方法。目前民族植物学处于自然科学和人文科学的交叉地带，学术界对此莫衷一是。民族植物学划分为经典民族植物学（Classical Ethnobotany）和现代民族植物学（Modern Ethnobotany）后，这个问题便可迎刃而解。首先采用经典民族植物学的方法认知植物，再通过现代民族植物学方法检验人们对植物的认知，最后回到民族植物学本身，阐释研究区域的植物与人的关系及植物存在的必要。我们相信，这是一套非常严谨的科学体系，通过扎实的调查—科学的检验—客观的解释，在包罗万象的自然和复杂多样的人类文化之间，民族植物学一定会给出答案。

目前，民族植物学研究者所做的工作，更多的是发掘与人类密切共存的植物和抢救将要消失的植物，但这并不代表我们只关注危机而不关注其他。事实上，我们希望通过这本《花木间的智慧：民族植物学自然笔记》，列举人和植物共存共生的案例，其中很多就出现在我们的日常生活里。这样比较容易拉近公众与植物、与传统植物知识的距离，同时也呼吁人们重视对植物多样性的保护及对相关传统文化知识的传承。当然，如果能将这些生物文化多样性的知识应用于城市园林、生态文明建设、乡村振兴等多个领域之中，也算不辜负新时代民族植物学的现实使命。

本书得以付梓，要感谢很多师生和少数民族同胞：

感谢杨珺、程卓、胡仁传、雷启义、杨云卉、宋英杰、罗斌圣、张晴、黄歆怡、陆祖双、和荣芳、袁浪兴、贺建武、潘一兰、李宛霖等为本书提供的精彩图片；感谢李恒、裴盛基、周翊兰、雷启义、宋英杰、杨云卉、罗斌圣、程卓、范彦晓、贺建武、胡仁传、方琼、哈凯丽等老师和同学奔波劳碌，他们在少数民族地区开展的民族植物学研究工作为本书增光添彩；还要感谢在野外调查给予我们热情帮助的父老乡亲，为我们提供来自田野的知识。

2022 年 11 月